湛庐 CHEERS

与最聪明的人共同进化

HERE COMES EVERYBODY

YOUR HEAD IS A HOUSEBOAT

你的大脑是一艘船屋

A CHAOTIC GUIDE TO MENTAL CLARITY
如何在混乱的生活里保持头脑清晰

［澳］坎贝尔·沃克（Campbell Walker） 著绘

王若菡 译

中国纺织出版社有限公司

测一测 关于人类的大脑，你了解多少？

扫码鉴别正版图书
获取您的专属福利

- 以下哪一类群体的观点，我们接受并内化得最多？
   A. 我们讨厌但优秀的人
   B. 我们深爱并尊敬的人
   C. 我们平时接触最多的人
   D. 在重要领域有权威的人

扫码获取全部测试题及答案
一起探索大脑，
还自己清晰的头脑

- 坎贝尔将我们内心自我批评的来源，比喻为"一群爱闹别扭的袜子布偶"。他指出，我们其实可以利用这些袜子布偶来：
   A. 避免自己过于乐观
   B. 帮助自己客观判断
   C. 保护自己远离痛苦
   D. 妨碍自己建立自信

- 在本书中，坎贝尔将大脑比喻为一艘船屋。以下哪一个群体掌控着船屋的根本控制权呢？
   A. 动物园里的动物
   B. 五大老板
   C. 袜子布偶
   D. 孩子版的你

扫描左侧二维码查看本书更多测试题

序

作为临床心理学家和正念行业从业者，我向来访者提出过最重要的一条建议就是"不要再坚信你所认为的一切"。想法不等于事实——这是一个简单而深刻的观念，我亲眼看到它改变了人们的生活。

你若能退后一步，以超然的好奇心来注意自己头脑中那些持续不断的噪声，你的情绪和行为便不会再为随机产生的想法所左右。只要让自己和自己的想法保持距离，你就可以自由地同头脑中那些复杂且往往自相矛盾的角色和地点建立起新的关系。

坎贝尔·沃克的"船屋"正是能帮助你做到这一点的完美交通工具。

研究证明，使用比喻来辅助学习可以提高个体短期和长期的记忆力。所以我相信，你不仅能在认识自己这艘船屋里的乘客和房间的过程中充分享受到乐趣，而且你将学到的这些关于心理学以及如何摆脱情绪困扰、获得自由的知识，必定深刻而持久。

祝你旅途愉快！

卡桑德拉·邓恩（Cassandra Dunn）
临床和辅导心理学家

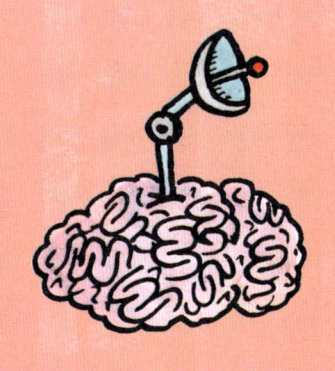

声明

　　本书旨在帮助你获得清晰的头脑。它透过想象力的透镜，对你的大脑进行了一次富有同情心的审视。在这个过程中，我榨干了自己的创造力，产出了大量模糊的类比来介绍大脑功能。所以，本书并不是一份关于大脑功能的科学报告，只是一个观察元认知的框架。

　　需要注意的是，虽然本书中的比喻和日志记录方法都是对我个人极为有效的，但我不是无所不知的专家，只是掌握了一些经过个人验证、目前仍在不断改进的方法。所以各位读者朋友大可不必照单全收。本书中的某些意象和问题也许并不能引起你的共鸣，但措辞本身并不重要，重要的是掌握内省的基本原理，并获得通过内省来关爱自己的能力。

　　虽然本书不能取代治疗，但它确实可以作为对治疗的一种补充。你可以把它作为一项额外的练习添加到日常生活中，让你的大脑船屋变得更加美好。

引言
001-015

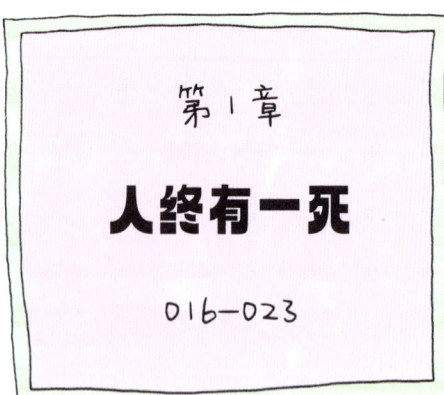

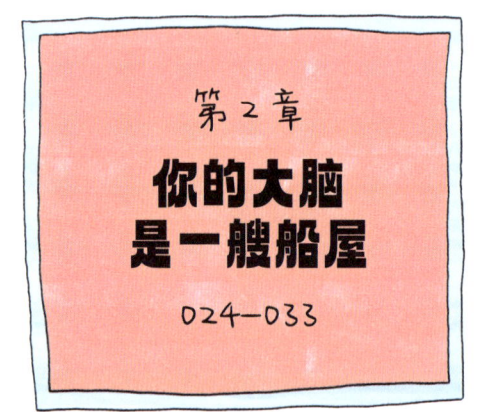

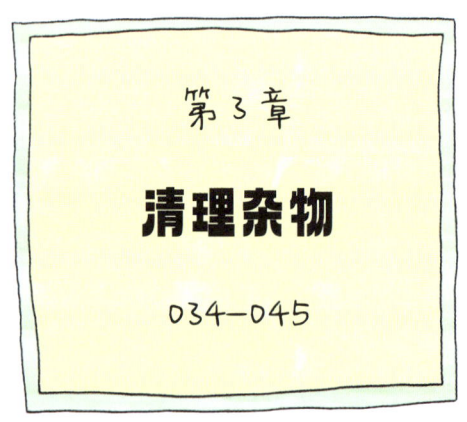

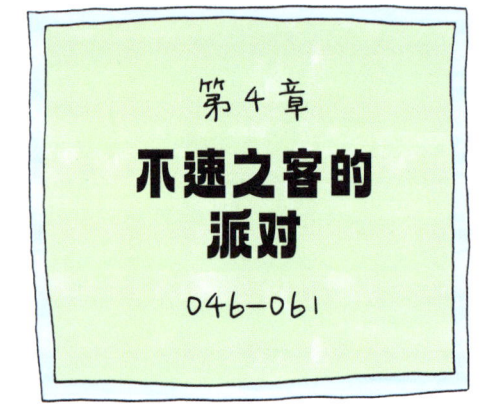

第 1 章
人终有一死
016-023

第 2 章
你的大脑是一艘船屋
024-033

第 3 章
清理杂物
034-045

第 4 章
不速之客的派对
046-061

第 5 章
通过河流，驶入大海
062-075

第6章
五大老板
076–085

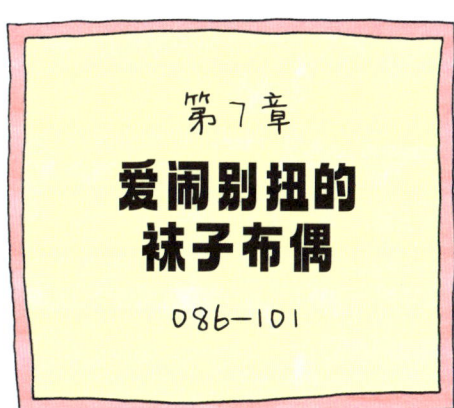

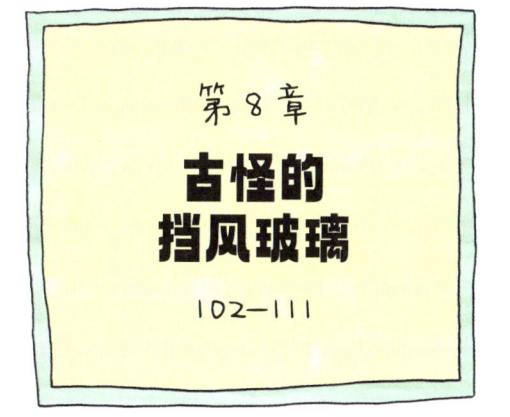

第7章
爱闹别扭的袜子布偶
086–101

第8章
古怪的挡风玻璃
102–111

第9章
欢迎来到动物园
112–125

第10章
孩子版的你和电话
126–139

结语
扬帆起航
140–151

引言
INTRODUCTION

IT'S A WEIRD TIME TO
BE ALIVE RIGHT NOW.
THERE'S JUST SO MUCH
INPUT.

现如今，人活得很奇怪。
我们接收到的信息实在
太多了。

你的大脑是一艘船屋

早上，你一醒来打开手机，就收到了信息。

你去煮咖啡，又收到了信息。

一整天，你都忙到"飞"起，在各种任务或环境之间来回切换。

引言

在不同的情境中,你扮演着不同的角色。

而且每时每刻,你都会收到信息。

所有信息都要抵达某个地方。最终,它们都滴进了你的头脑。

好东西进来了。比如,雨水打在滚烫柏油马路上的气味。这种夏天郊区特有的气味让你情不自禁地回忆起激情澎湃的学生时代。就这样,你被一股怀旧之情击中了。

坏东西也进来了。你在评论区围观了一场骂战,你一个字一个字地读下来,连人身攻击和拐弯抹角的死亡诅咒也没放过。在看了86条评论后,你感到又心碎又痛苦,惊叹于这么多年来人类居然没有半点长进。

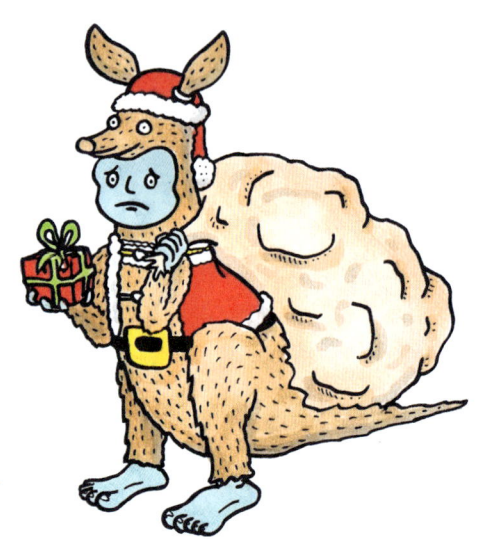

每一天,这些信息都会涌进来,争夺你的大脑空间。你答应了妹妹下周六帮她搬家,但那天刚好是朋友举办一年一度的剧本杀酒会的大好日子。另外,你还一时冲动地答应要在公司年会上装扮成送礼物的假日袋鼠,但你只能利用周六去寻找服装。

引言

管理方面的信息也涌进来了。上周，你那辆曾经很靠谱的车坏了，变成了一方很靠谱的镇纸。

这个问题你会处理的，但你首先要解决另一件事。一件近乎搞笑的错乱事件发生了——你家孩子把一条狗给咬了。狗主人坚持要求你那几乎不认字的孩子给"皮克尔斯先生"写一封道歉信。

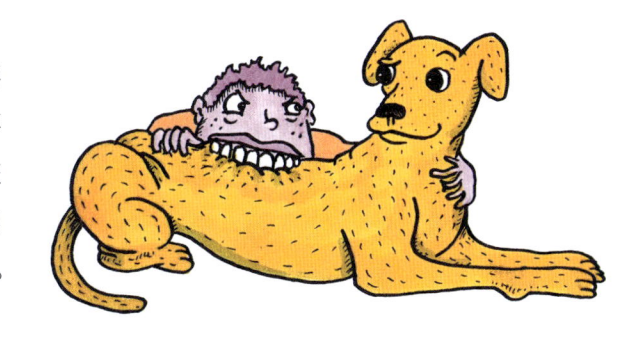

把这两件事都了结后，你的大脑终于喘了一口气。这时，你总算可以回过头来考虑自己脖子后面的那个肿块了——你的伴侣说没什么大不了的，但线上医生坚称它绝对是个肿瘤。

你需要休息，但 21 世纪对你另有安排。在人类有史以来信息负担最沉重的环境——互联网时代中，海量信息正涌进你的大脑。

我们的大脑就像煤矿里的金丝雀，测试着我们的后代能够或应该消化多少数据。我们还没见识到接收这些信息会带来的长期影响，所以互联网使用量还在呈指数级增长。到 2025 年，人类在每 9 分钟里产生的数据量将相当于 2020 年一整年产生的数据量。

如今，我们每天会发 5 亿条状态、2 940 亿封电子邮件、9 500 万篇图片帖子，上传总时长达 82 年的视频。

而且不知为何，
我们看到的总是
最糟糕的内容。

引言

在网上，你眼巴巴地看着数百万人展示自己的美好生活。你身边的人都在精进公关的技巧，你却只关心个人收入。第一个需要破解的问题是：在你一边埋头苦干一边奢望能放半天假的时候，别人的五口之家是怎么做到一年里有 8 个月都在到处旅游的？短视频 App 上的豪华游艇之旅、有关兰博基尼的垃圾邮件，以及社交 App 上经过筛选的美颜照片，所有这些注定会诱发一些标志性的互联网式躯体变形障碍。你艰难地蹚过这些泥泞，却找不到任何答案。

如果你快速划动屏幕，就会看到这样一个世界：新闻媒体为了赚取广告收入而理直气壮地成为"标题党"，高中时期的老同学在照片墙上成了"人生导师/房地产经纪人"，匿名写手创作出《龙珠》里的悟空和《安妮日记》的作者安妮·弗兰克成双成对的同人小说。

所有这一切都在吸引你的注意力。

> 把这些加起来，我们得到的结果就是压力。它在你的"大脑枕边风"中扮演着极为关键的角色。

保持健康和身材是一种持续不断的压力，它让你不禁开始怀疑这是政府为了提高运动服和羽衣甘蓝的销量而制造的阴谋。

寻找更加充实的职业是一种压力，也是一个观点。无论是你事业有成的表妹苏珊，还是在弹窗广告里出现的每一位邋遢的加密货币专家，似乎都在向你大吼大叫地宣扬这个目标。

打扮得更得体，读更多的书，尝试新事物，如密室逃脱和扔斧头（新生代老板说这些活动有益于营造企业文化），这些统统都是压力。

随时随地保持"开机"状态也是一种压力。但愿你用不着每时每刻都扮演性感的伴侣、迷人的派对客人和耐心的《大富翁》玩家。但愿你拥有完美的小腿肌肉，还在暑期去佛寺收获了不少启迪人生的小故事。

在辛苦的一天结束时，你可能会觉得自己比到处乱撞的无头苍蝇更加精疲力竭。你见过那种苍蝇——它们会因为找不到窗户缝儿，只能对着玻璃一次又一次地乱撞，你对这种挫败感同身受。这些苍蝇耗尽了自己的精力，却依然停留在原地。如果有一天你感觉自己的头脑输给了所有那些涌入你头脑的信息，那么无头苍蝇就是你的下场。

引言

当我们无处可逃并且疲惫不堪,明知窗户上有一道缝隙却怎么也找不到时,就会采取某种方法来应对。

你的应对方式可能是健康的。也许你选择慢跑、攀岩,或者以那个在你妈妈的子宫里就被你吞噬了的双胞胎兄弟或姐妹为原型,制作激励人心的纸浆雕塑。

你的应对方式也可能是非法的。也许你还未成年就喝得昏天黑地,还吃下了一整桶炸鸡。这一波输入让你觉得自己变成了有能力应对这个疯狂世界的超级英雄。

又或者你会选择"曲线救国"的应对方式?比如把全身涂满果酱后在蚂蚁窝边打滚儿,好让自己觉得至少你对某些人来说还是有价值的,以此缓解你的存在性焦虑?

也许你只是给自己倒了一杯白葡萄酒,对着自家的狗大骂你的老板,再刷上几集《厨艺大师》(*MasterChef*)。

无论你以哪种方式结束这些艰难的日子,你都仍然像无头苍蝇一样,被困在窗玻璃的舞台上。在内心深处,你猜想有一种可以打开窗户的方法,能让你内心的苍蝇从无穷无尽的疲惫中解脱出来。你要是能对所有这一切都按下暂停键就好了!

如果这些想法听起来很熟悉，你可能找对书了。

顺便说一句，我名叫坎贝尔，打算跟你讲讲如何保持头脑清晰的问题。

对任何人来说，头脑清晰似乎都是一个高端的话题，也是一个非常必要的话题。

引言

在过去 100 年里，我们见证了人类从发明电视到人人包里都装着一台个人计算机的历史巨变。

这场巨变带来的好消息是，我们再也不愁信息不够了。我们可以实时翻译任何语言，了解宇宙的年龄，学到有关深海中那些或滑稽或恐怖的生物的知识。

但这场巨变也带来了坏消息。我们拥有了海量的信息，却失去了清晰的头脑。全世界最大的那几家公司是生是死，都取决于它们能否"绑架"你的注意力。你的大脑空间已经陷入危险。除此之外，你周围所有人的注意力缺乏的状况还带来了一种复合影响。头脑混乱就是如今的新常态。

你现在面对的风险是，你可以读到可怕的新闻故事，见到数千种相互竞争的观点，拿到亮闪闪的新玩意儿，喝到让你达到理想精神状态的能量饮料，听到你最好朋友的表弟的朋友的婚礼八卦，看到无数有关郊区夫妇翻修自家厨房的电视节目，但你至死都不知道自己是谁，不知道自己追求的是什么，不知道自己如何才能过上有意义的生活。我们就像住在洗衣机里那样危险，任由别人的脏衣服在四周滚来滚去，没有片刻的安宁。

随着我们继续在 21 世纪向前滚动，危险只会不断增加。因此，我相信，我们必须建立一个坚实的头脑基础，才能准备好迎接这个世界必将带来的各种怪诞冲击。

对于头脑清晰这个问题，我并非专家，但在头脑不清晰方面，我堪称老手。在大半辈子的时间里，我的头脑都"清晰"得如同一杯泥浆和雀巢美禄混合而成的奶昔。我放信息进脑里，不仅不收房租，还提供免费早餐。我以为自己的头脑之所以不清晰，是因为我被困在了一个坏掉的模式中。这自然导致了所有那些错误的应对方法——药物滥用、冲动行为，以及一场自作自受的、惨烈的高速车祸。

你的大脑是一艘船屋

从中我明白了一点：大脑并不危险，危险的是一个人不了解自己的大脑。

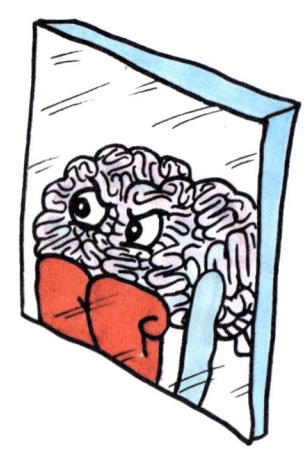

因此，接下来我们会通过一系列抽象且可能非常混杂的比喻来认识你的大脑。

我相信比喻是理解自己的最佳工具，因为比喻是用已知的形式来解释未知，而你的头脑是深奥难解的未知物。

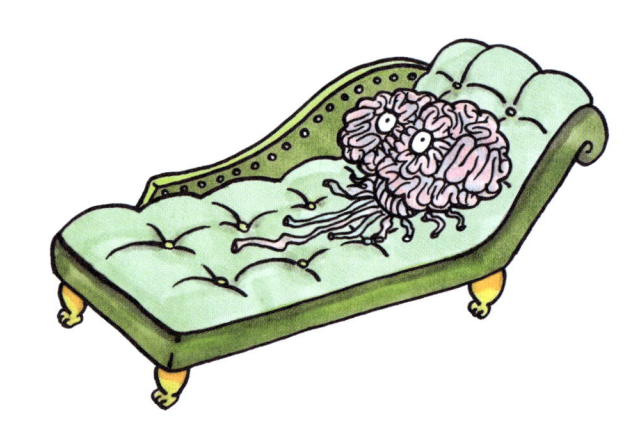

经过多年的内省、研究和治疗,我主要通过两种方法找回了平静:

01. 理解大脑的功能

02. 广泛使用引导日志

这就是本书将提供给你的东西。在本书的每一章，我们都将以疯狂而古怪的方式探索一种新的头脑功能，配着盐和酸橙汁把它喝下去。所谓的盐和酸橙汁就是引导日志。

引导日志

比喻

在理想世界中，为了追求头脑的清晰，你会尽一切努力为自己的头脑创造主场优势：良好的睡眠、两只小狗、一个富有的叔叔、完美无缺的营养摄入以及一座位于意大利南部的漂亮城堡。但现实并不是理想世界，所以如果你无法实现理想，也不用难过。

你需要做一点儿灵魂探索。不过，我创作本书的目的就是让你的灵魂像一本被毁掉的《沃利在哪里》——沃利被重重地圈出来了，一眼就能找到。

你的灵魂

因此，拿起你的
笔记本和钢笔，

在手上涂好防滑粉，

系上你的降落伞，

把变速杆挂到
超光速挡，

我们来打球吧！

第1章

YOU'RE GOING TO DIE

人终有一死

我想从下面两个事实讲起：

01. 人终有一死。彻底死去，归于大地。

02. 你一生都将在"自己"的陪伴中度过。

你的大脑是一艘船屋

第一个事实其实算是某种安慰。这是令人愉快的解脱！死亡为看似无穷无尽的白噪声般的人间疾苦画上休止符。你再也不用担心付不起房租或在朋友的奢华晚宴上出丑了。你死了之后，这一切都不复存在。

第二个事实就令人很难接受了，但它与第一个事实是相关的。注定和你绑在一起直到你死的人有且只有一个，那就是你自己。

第 1 章 人终有一死

这意味着你可以坐在最前排观看地球上最伟大的表演——人类经历的跌宕起伏。

你会看着自己取得胜利!你会看着自己坠入爱河,抱起自己的宝宝,吃下深夜的烤串。你会体验原始的快乐、短暂但令人激动的启迪,以及把厨房清理到闪闪发亮时才能获得的那种快感。

但是进入这座剧场看现场演出的代价也很高。你必须坐下来忍受自己讲了个冷笑话之后的尴尬,忍受亲朋好友离世后的痛苦,还要忍受你穿过的每一件奇装异服给你留下的惨痛回忆。比如,艾薇儿·拉维尼(Avril Lavigne)式的衬衫加领带,搭配带钱包链的细条纹七分裤,以及白色长袜、红色匡威鞋,再加上你最喜欢的粉色方格发带。我真是永远都弄不明白,为什么老天爷要对青少年如此残忍。

另外，你还要付出隐藏的代价，比如，在你准备预订一家声誉不佳的航空公司的机票时出现的那种东西——无法逃避的糟糕想法。

当你盯着破壁机里飞转的刀片时，可能会忍不住想："我应该把手伸进去。"又或者当你度过了漫长的一天后，站在一座很高的阳台上时，可能会突然问自己："我如果跳下去会怎样？"我说的就是这些想法。

这些想法很正常也很自然，只不过由于它们极少变成话语，所以你可能以为只有你才会这么想，于是你在同自己的黑暗面共处时感到羞愧、孤独、害怕。

然而，所有这些痛苦和担忧都只是为乘生有史以来最棒的过山车而必须购买的车票。

第1章 人终有一死

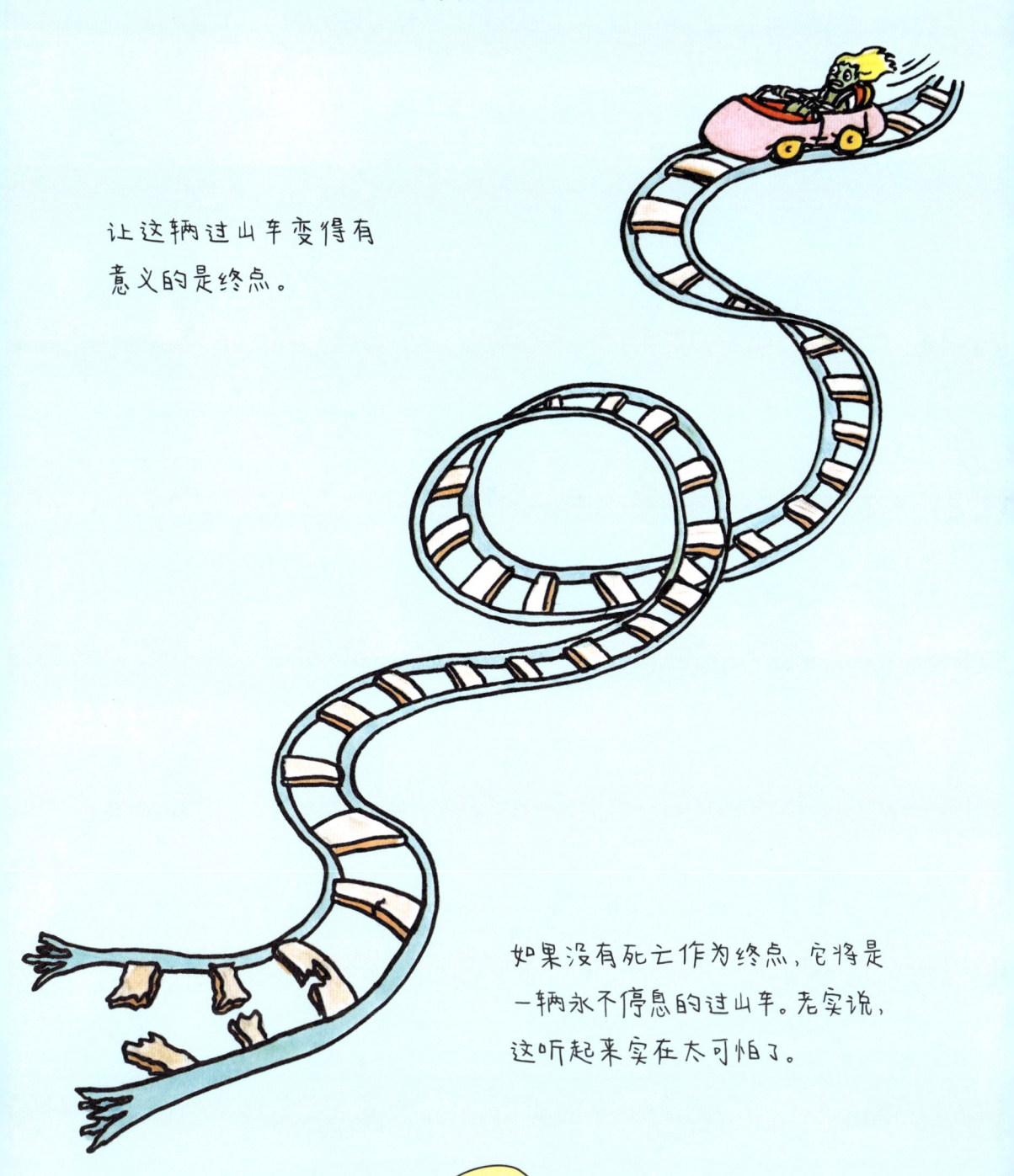

让这辆过山车变得有意义的是终点。

如果没有死亡作为终点,它将是一辆永不停息的过山车。老实说,这听起来实在太可怕了。

然而，与过山车不同的是，并非所有乘客的生命旅程都一样长，而且任何乘客的寿命都是不可预测的。终点随时可能到来。

无论有意无意，你大概会认为生命是这样的：

出生————— 你 ————— 死亡

这是一个很好的模型，很容易理解。你出生了，你活着，然后有一天你会死，而且最后一件事不会很快发生。

但是，这里有个小问题——我们并不知道自己会在哪一天死去。

实际上，你的生命可能是这样的：

出生——————————— 你 — 死亡

你可能明天就会死，以上文字可能就是你这辈子读过的最后几句话了，然后你就会被公交车……的司机打死。那个怒气冲冲的公交车司机名叫托尼，他把你误认为是他的混蛋老板了。

第 1 章　人终有一死

也许托尼已经受够了。也许他一直在上拳击课,在轮班时坚持去健身房锻炼。也许就在你读着这句话的时候,他对老板的欺压终于忍耐到了极限。也许那位老板和你长得一模一样——尤其是那对在夏日阳光下闪闪发亮的耳垂。也许明天你和托尼碰巧会去同一个公园散步,托尼看到了你和你那闪闪发亮的耳垂,而你只看到了托尼的指关节朝着你毫无防备的脑袋直冲冲地撞过来。

砰

在你有机会向大家说再见之前,在你有机会修好那个调料架之前,甚至在你有机会奢侈地去一次新时代水上乐园之前,你就像一盏灯一样熄灭了。你以为明天只是一个普通的周二,结果此刻去见老天爷了。

也许这就是你的结局。毕竟我们谁也不知道自己会怎么死。

但我们知道,在你"生命"的整个过程中,你都会和同一个"你"困在同一个大脑里。

因此,你当然应该尽可能地把你的大脑变成一个适宜居住的好地方。

第 2 章

YOUR HEAD IS A HOUSEBOAT

你的大脑
是一艘船屋

第 2 章 你的大脑是一艘船屋

在一艘巨大的船屋里，如果你只住一晚，那就不用把每一处都探索个遍，也不用介意你现在住的那个房间有点儿凌乱，这些都是很正常的（顶多会显得你有些缺乏好奇心，就像是在住酒店）。即使你没有在壁橱里乱翻、没有整理床铺，也都是情有可原的。

但是，如果你要在那艘船屋里住上一年，却完全不去探索，也不把自己收拾干净，客观地讲，那就很奇怪了。

现在想象一下，你要在这艘有趣的船屋里住上85年，而你到死都不曾打开过所有的房间，还把东西扔得到处都是。

接着想象一下，在这85年间，船屋的甲板下时常传来神秘、可怕的声音，而你从来没有去调查过。你始终生活在恐惧中。伴随着每一次叮叮当当的声音，你的脑海中都会出现一只得了狂犬病的体形巨大的负鼠，或者一个并没有得狂犬病的体形正常的杀人犯。你永远不会发现，那个声音只不过是放在热水器上的一堆硬币造成的，每当你洗澡的时候，它们就会唱起歌来。

再想象一下，在这85年间，你从来没有收拾过厨房。就算盘子上的食物残渣已经结成块儿，你也完全不清洗，任由它们一直堆在肮脏的案板上，占据原本用来切辣椒的宝贵空间。

我们一辈子都在忽视从大脑底层传出的奇怪声音，一辈子都在适应自己头脑中的混乱，而不是设法把它们清理干净。

神秘的声音响起，混乱的东西堆积，我们却为了分散注意力，转向离自己最近、最招摇的东西——一杯冰镇酸啤酒、互联网上无穷无尽的空间、2美元一块的玉米饼、正在重播的《欲望都市》(Sex and the City)。没错，这部片子我们可能已经看过很多遍，但我们喜欢剧中的角色，他们让我们觉得自己是有朋友的，智能手机也并没有毁掉全世界。

但是，如果我们不这么做呢？如果我们先把《欲望都市》女主角的自我发现之旅放一放，直面恐惧，打开那些从没开过的门，结果发现食品柜里传出的可怕声音只是老鼠捣的鬼，那会怎样呢？如果我们把行李全都拆开、收好，而不是任由它们堆在走廊，那又会怎样呢？

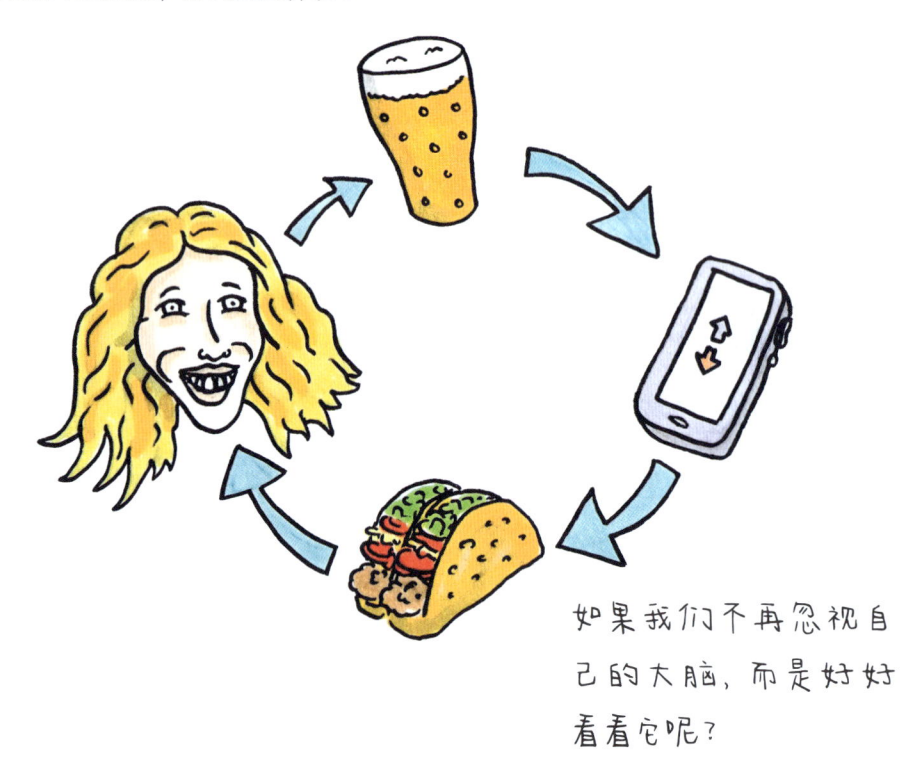

如果我们不再忽视自己的大脑，而是好好看看它呢？

第 2 章 你的大脑是一艘船屋

假设你的回答和标准答案一样——"好啊,这听上去很不错",那么接下来的问题就是:你该怎么做?你该怎么客观全面地观察你的大脑,又该怎么利用观察结果让自己长期保持头脑清晰?

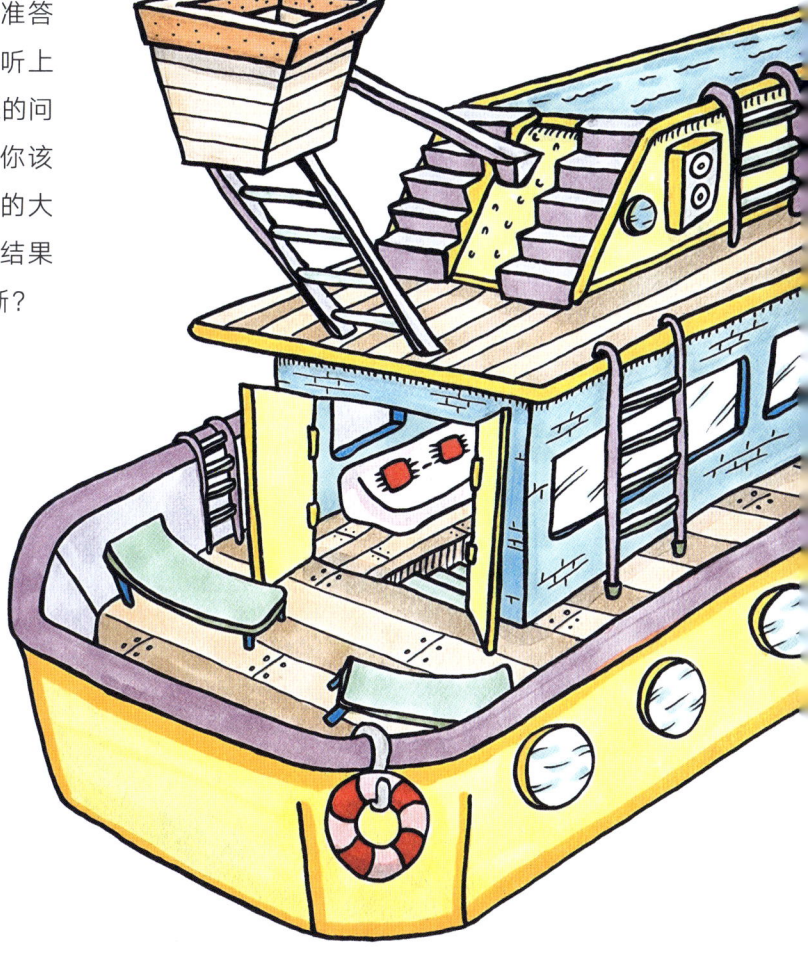

这就是我要尝试回答的问题。

你的大脑是一艘船屋

在我说到"你的大脑"时,你可能并不清楚它是什么模样。当然,也有可能你是一名神经科学家,对此一清二楚。

但是,如果说到"船屋",你应该就能想象出它的模样了。说得再明确一点儿,这是一艘非传统的船屋,里面装着一大堆坏掉的冲浪趴板、一对背包客、一块数码控制的挡风玻璃、一只表演布偶戏用的章鱼和一只小狗——这样,画面就很具体了。

你可能已经猜到,船屋这个比喻将成为本书的基础。

第 2 章 你的大脑是一艘船屋

船屋是什么呢？它是一种电动船，也兼作小型房屋，通常包括一间卧室、一间浴室、一间小厨房和一个屋顶甲板。从统计数据来看，大多数人并不会在这种船屋里住太久。但这对我们运用"船屋"这个比喻来说不成问题。

有人可能会说："为什么不用房子来做比喻呢？房子是一个我们都很熟悉的形象。"这就像是在问我上周放在长凳上的冰块是被谁偷走的一样，答案在于水。

在水上，船屋面临着真正的危险。不好好驾驶就可能撞船，船会沉没，你会溺水。虽然没有明文提示，但你头脑的操作方式实际上与船屋类似。如果一个人没有意识到自己正在驾驶着船只，就可能面临失去整艘船的风险。更明确地说，所谓的撞船和沉没指的是如果我们不多加小心就会尝到的苦果，比如成瘾、入狱以及英年早逝。

水还意味着我们的船屋并不是静止的，这点也很重要。现实中的大多数船屋是在平缓河流上漂流的，但我们的船屋是一艘海船，可以探索全世界。我们将沿着指定的河流（无法做出自主选择的童年）顺流而下，进入浩瀚的大海（可以做出自主选择的成年）。就像人生没有固定的道路一样，我们伟大的海上旅程也没有固定的航道。

> 而且，这座船屋比你所知的普通船屋更大。

你的大脑是一艘船屋

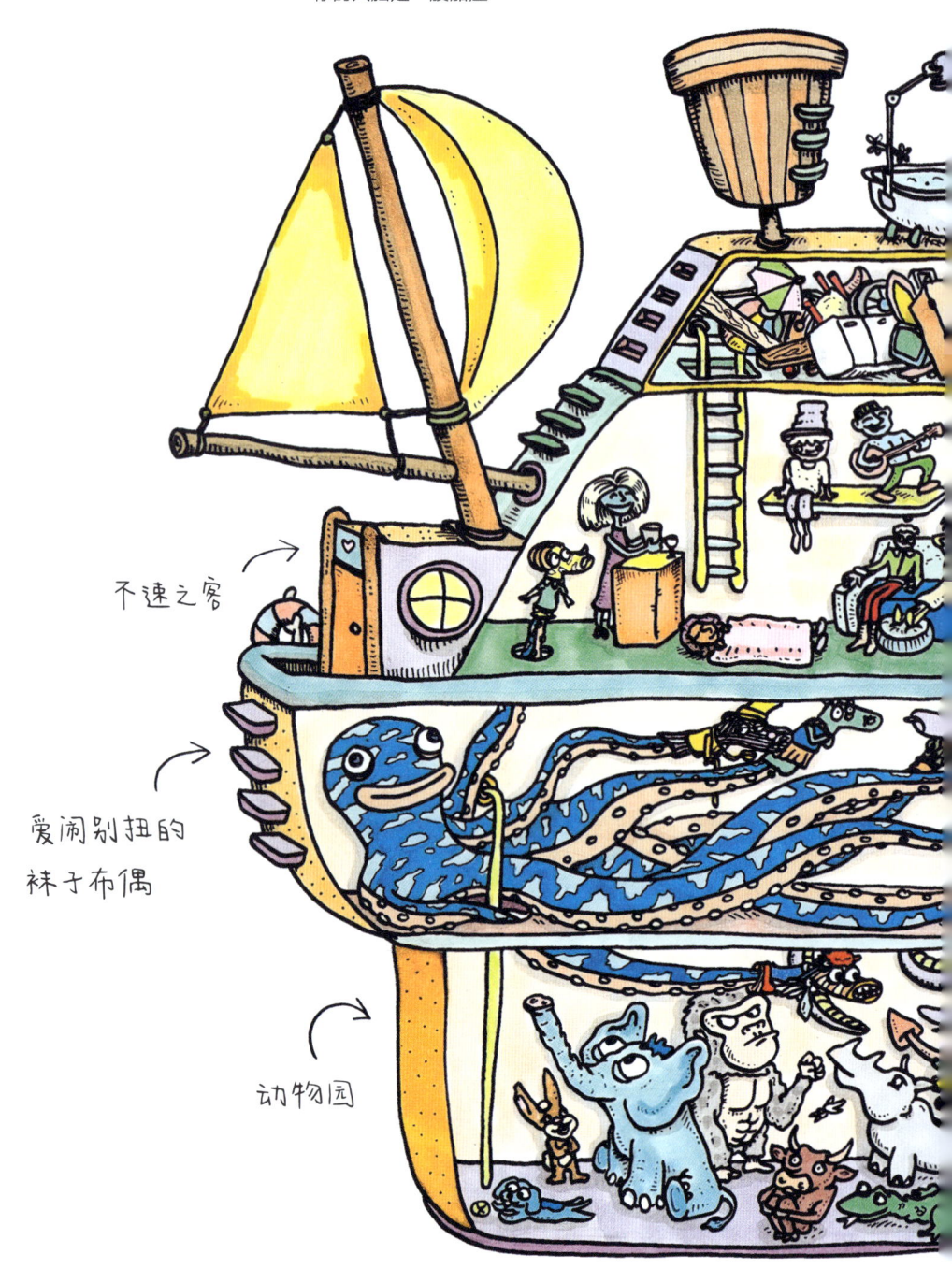

不速之客

爱闹别扭的袜子布偶

动物园

第 2 章 你的大脑是一艘船屋

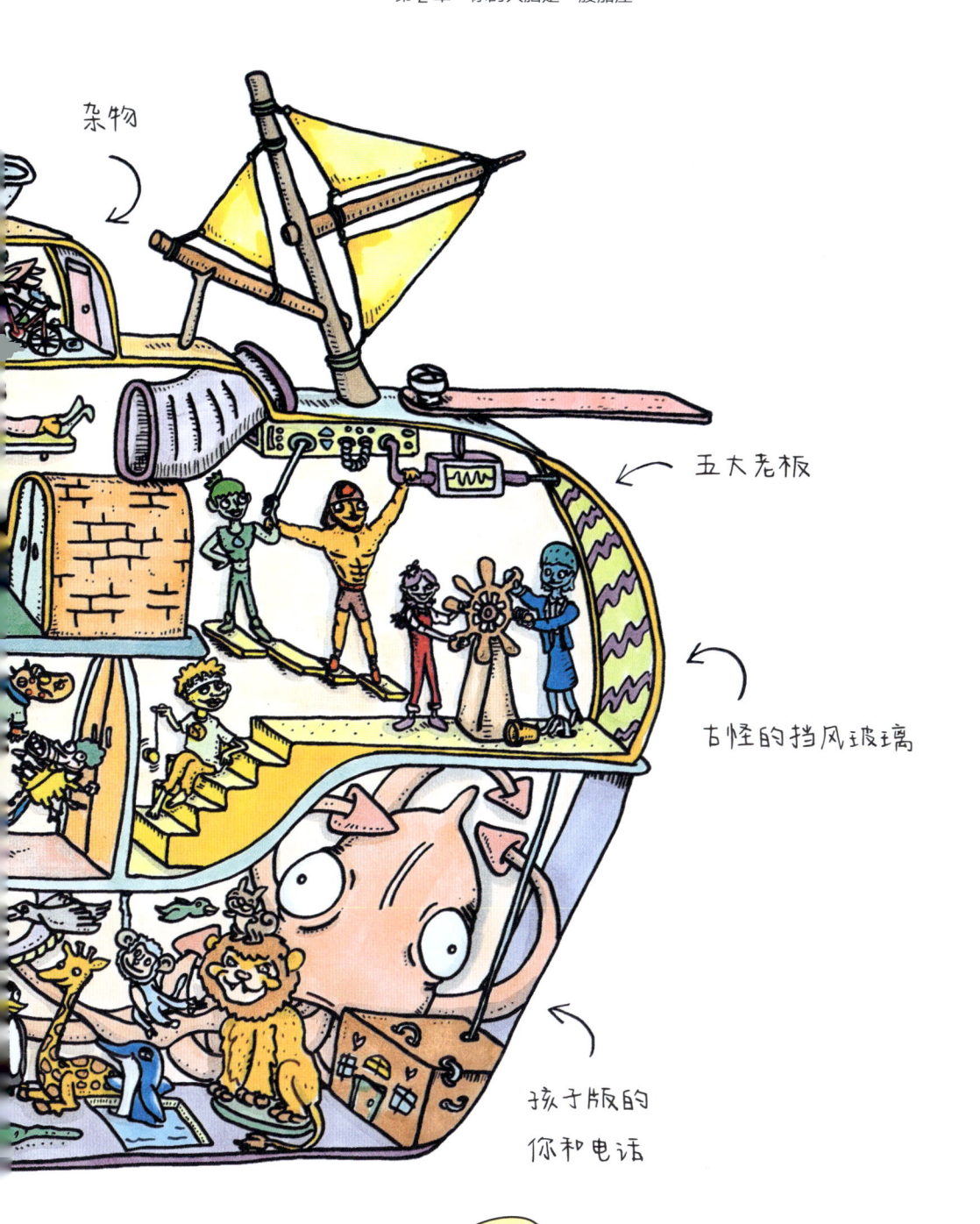

杂物

五大老板

古怪的挡风玻璃

孩子版的你和电话

现在，我们已经弄清船只的类型，还有一点要明确——你是船长。在童年的河流上，你面对的事情很简单，但船只一旦入海，它就必须靠你来掌舵了。

执行这项任务的主要问题是：你这辈子从来没有给船掌过舵，也没有经历过大海上的风浪。你可能会假装知道自己要干什么，就像一个刚毕业的19岁实习生头一天进公司时一样。但是，这种策略就好比拿炸鸡块当早餐，不可能长久。

沿长河顺流而下，直至进入大海。

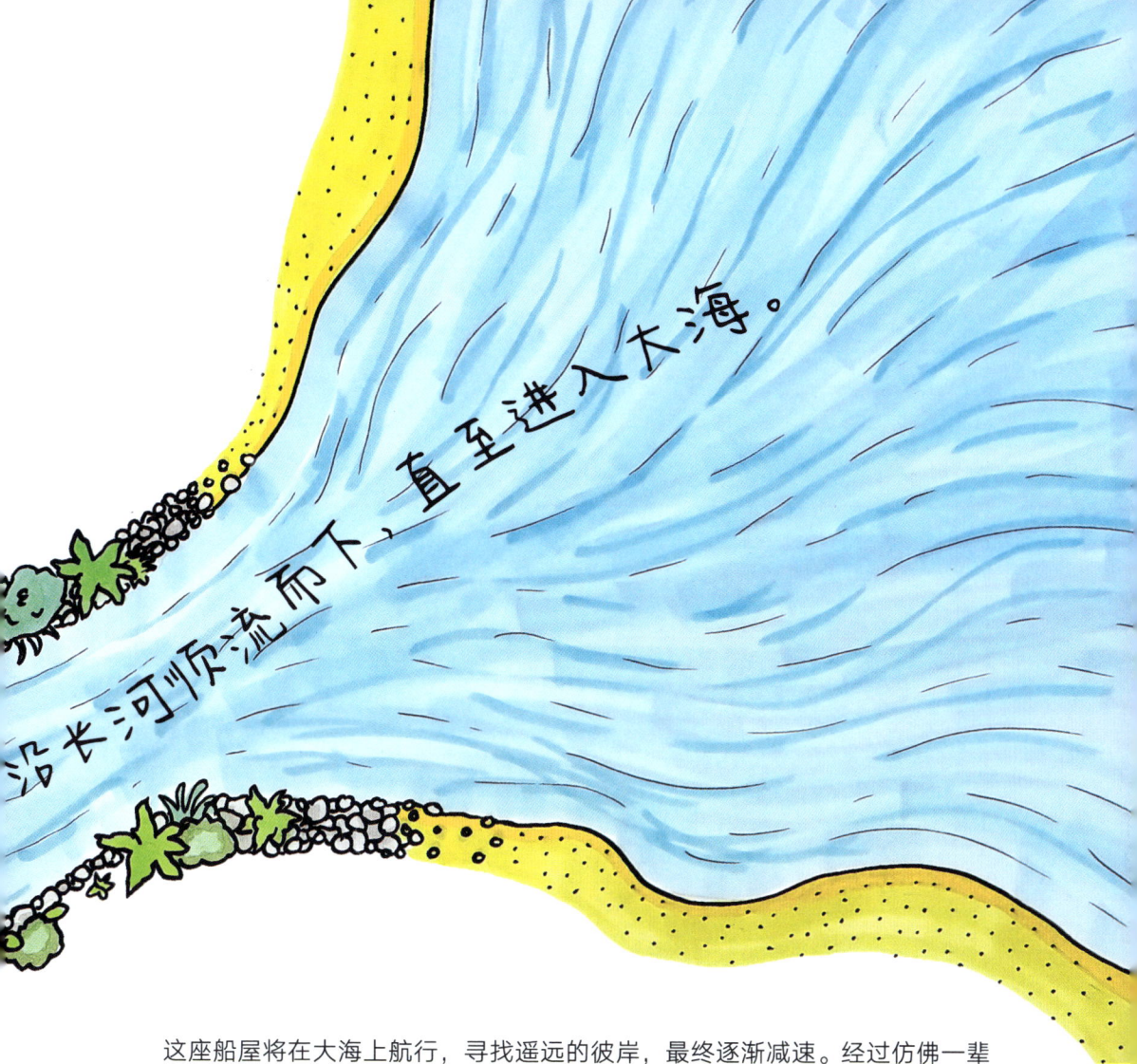

　　这座船屋将在大海上航行，寻找遥远的彼岸，最终逐渐减速。经过仿佛一辈子那么长的时间（实际上就是一辈子）之后，船屋及里面的一切都会化为灰烬。到时，会有一群人穿上黑衣，他们痛哭流涕、发表悼词、享用点心……但我们还没有到达那一步。

　　正如一些情绪摇滚歌曲唱的那样，你没有要求出生。同样，没人要求得到船屋，但每个人都值得拥有一艘好船屋。既然你已经在这里，那么不妨整理整理床铺，往墙上挂一幅画，让你的内心世界变得更加美好……

第 3 章
CLEANING OUT THE CLUTTER
清理杂物

第3章 清理杂物

在开始探索船屋之前，我们首先要清理垃圾。这些垃圾有的是你多年前带上船的，有的是你昨天刚刚打捞上来的，还有的是在你读到这句话时才刚刚产生的。

这些垃圾是什么呢？就是你的想法。它们是挡在你和清晰头脑之间的第一道阻碍。

还记得我们之前提到过的你头脑里的那些东西吗？冗长的待办事项清单、踌躇难定的旅行计划、浪费时间的短视频？对你的船屋来说，这些东西都属于杂物。狂刷9季有关美国最性感连环杀手的播客，给你头脑造成的负担就好比在一个小筏子上多放了9张沙发一样。

而除了这9张沙发，筏子上还有你花了一辈子时间积累下的一堆东西。

你的大脑是一艘船屋

下次去商店时，我必须记得买油，否则我就会成为那种喋喋不休地谈论空气炸锅的人了。

我希望自己还能像小时候那样做侧手翻。也许那样一来，妈妈就会像在我小时候那样拥抱我，再次说我是她的"专属小杂技演员"。

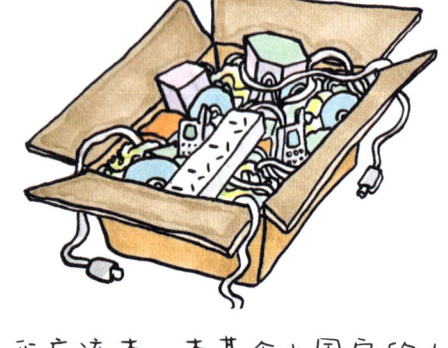

我应该查一查某个小国家的人口统计数据，以防在知识竞赛中被问到。天哪，如果我连这种题都能答上来，一定会显得特别聪明！

我已经有段时间没去看牙医了。牙医的自杀率是不是很高？可是牙齿能有什么让人郁闷的呢？我觉得大家的牙齿看起来很整齐啊！

第3章 清理杂物

我做得永远不够。无论我多么努力,这辈子都注定只能当"万年老二"。

对上班族来说,意式浓缩马提尼就相当于伏特加兑红牛。

我得检查一下银行存款余额,确保自己还有能力养家糊口,这样才不会落到和我那破了产的老爸一个下场——被家人抛弃。

我在想,等到游客都离开之后,动物园管理员会不会钻进笼子里,把所有的动物都抱一遍。

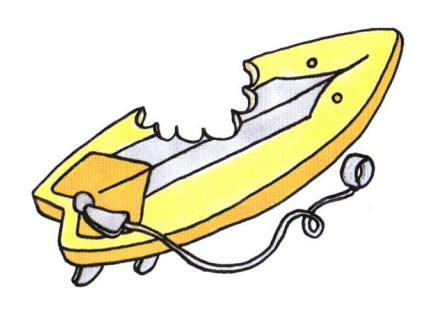

037

你也许会认为，按照逻辑，下一步就是扔掉这堆东西，可惜事情并没有这么简单。这些东西并不全是垃圾，在垃圾堆里还隐藏着珍宝。

> 最大的问题其实是混乱！即便有些垃圾真的很宝贵，也肯定不应该这样堆在地板上。

你要盘算周末的计划，中途却突然想起了健康保险，和这个想法一起到来的还有一丝关于自己最终会如何死去的焦虑。接着，你的思绪又被卷入一个有关冰帽融化的螺旋式恶性循环思考中。

这些放错地方的物品变成了路障，让我们的船屋之旅被迫提前结束。走廊里堆积如山的破磁带挡住了去路，阻碍着我们去探索冒险。

但是，大多数人并没有设法解决这种烂摊子，而是渐渐习惯了它的存在。

要是想去厨房，我们就要绕过破旧的书架，跨过锄草机，爬上旧音响，再像玩攀爬架那样用手抓着椽子荡过去，才能最终抵达冰箱前。

WHILE DEEP DOWN WE KNOW THAT THIS IS INEFFICIENT AND WE SHOULD REALLY CHANGE IT, WE ACCEPT THIS AS NORMAL BECAUSE IT'S LESS ENERGY TO ADAPT THAN IT IS TO CHANGE.

虽然在内心深处，我们很清楚这样的做法缺乏效率，得改，但最终我们还是接受了这一切，因为适应总是比改变更省力。

现在，你面临两个选择：

01. 任由船屋混乱下去，在余生中不断适应越积越多的垃圾，让它们慢慢把你压垮，甚至把你的船屋压沉。

02. 定期清扫船屋。

第 3 章 清理杂物

作为一位相对靠谱的纸书作者，我只能再次猜测，既然你选择了这本书，那么你应该会选择第二个选项。因此，接下来我们会做一些清理工作。

只有摆脱这些笨重的东西，你才能继续探索船屋，而不用担心会在陈旧、生锈的想法上撞疼脚指头。是时候好好引导一下你内心的管理员了！

想想你最近一次对房间进行的大扫除。你可能扔掉了一些东西，把运动鞋按照颜色排好，还在壁炉架上为绒毛玩具找到了一个更好的新家。在这个过程中，你弄明白了自己拥有多少物品，很庆幸自己真正需要的东西其实很少，还重新找出了一些早已被你遗忘的心爱之物。

你抛弃了垃圾，还为珍宝找到了合适的位置。

要清扫船屋里的垃圾，你必须把它们从一个地方挪到另一个地方去。它们不能在两个地方同时存在。同样，你那些没什么用的想法也无法同时存在于两处。你的任务就是把它们挪到你脑袋以外的地方去。

但并不是每一件"垃圾"都应该扔出去。在那一大堆乱七八糟的想法之中，也隐藏着某些有价值的东西。如果我们不仔细检查，就不可能知道哪些想法是值得留下的，哪些是应该清理的。

如果我们会魔法或者有台起重机，就能轻易地搬走所有垃圾。但是，魔法太昂贵，起重机也不是真实存在的。因此，为了防止你在船屋的走廊里被囚禁着羞耻之情的鸟笼绊倒，我们需要找到一种方法，给各种东西编制索引。

只要出现在看得见的地方，你的想法就没那么可怕了。也许有时你会想回顾自身的成长或者追忆往事，这时如果能够重温某些想法，也是挺不错的。只要我们为自己的整个意识流编制索引，就可以有针对性地提出一些问题，探索大脑的特定区域。我会在后面讲到这些问题的相关例子。现在，就让我们先通过一场隐秘的、随心所欲的、杂乱无章的"思维倾倒"，找出这些杂物吧！

写日志来整理大脑空间
写下你的想法

　　写日志就是把自己的想法写下来。你的工具可以是一支笔加上一本精致的日记本，或者一台笔记本电脑，或者一根可以在沙滩上写字的棍子。

　　在这项练习中，无论想到什么都要写下来。

　　如果你怀疑写日志到底有没有用，或者怀疑船屋的比喻能不能用于后面的8个章节，就把这些想法写下来。

　　如果你想起自己上小学六年级时，有一次老师生气地批评你是个"饭桶"，你既为自己的愚蠢感到难堪，也为老师用了这个老土的词感到尴尬，那也请把这些想法写下来。

　　注意，你的日志并不需要呈线性结构，也不需要分行，甚至都不需要文字。有时候，写日志的最佳方法就是绘制思维导图，或者添加图画。我可能在这方面存有偏见，不过谁没有偏见呢？

　　即使你觉得很累，也不要停下来，写下所有想法后才能停止。你的目标是，完成这项练习之后，你的头脑能变得空空荡荡，就像在你为了继父而勉强答应参加的那次野营活动中，凌晨两点时你身下的充气床垫一样。

写日志来整理大脑空间
或者录下你的想法

如果你腾不出手来，或者你因为写作与你父母的去世有关，而且他们的死法并不像蝙蝠侠父母那么酷炫，所以就是不喜欢写东西，那么你也可以通过说话和录音来达成类似的效果。关键在于要把这些想法记录在你大脑以外的某个地方。

具体怎么操作呢？如果你有一部手机，你可以打开具有录音功能的App，把你头脑里的所有想法都对它说出来。

在你觉得已经完全无话可说之前，不要停止录音。你的目标是，最终你的大脑感觉被完全掏空了，就像你向继父坦白下面这些信息时他的感受一样：你是被妈妈逼着来参加这次野营活动的，如果是跟亲生父亲在一起，你可能会喜欢这样的活动，但跟他在一起不行，永远也不可能。或者我们换个更好的比喻，最终你的头脑像个倒过来的牛奶瓶，瓶里所有的东西都倒在了地板上，而这个地板就是你手机里的录音App。

以上方法的作用：捕捉你的想法，让你的大脑腾出更多空间，让你在思考时可以尽量少受认知的干扰。

第 3 章 清理杂物

我第一次尝试写东西时,大脑里全是乱七八糟的想法在打转儿。它们轮番恐吓我,毫无逻辑可言。我坐在笔记本电脑前,让手指敲打出盘旋在我脑中的每一段思绪。完成后,我多年来第一次笑得像个乐天派。我感觉自己头脑里的那片混乱经过指尖全流进了电脑文件里,我再也不用抱着那些想法不放了。我甚至还在那面无法无天的文字之墙上找到了隐藏的新见解——从前难以察觉的感悟,现在显而易见。这感觉太棒了!

这种兴奋持续了整整两天,然后我意识到这项"思维倾倒"练习必须坚持做。

清理想法是一项应当定期进行的练习,就像刷牙或擦拭你的国际象棋拳击奖杯一样。我们越是清理自己的想法,就越能认识到它们大多是自满心理囤积的产物,这些堆积的杂物就好比满满一抽屉的橡皮筋、旧电池和四部旧手机的数据线。一旦我们开始每天清理想法,就会感到更加自由,觉得它们不应该再待在脑中。毕竟我们的大脑是用来解决问题的,不是用来储存杂物的。

清扫完杂物之后,你就可以更方便地四处走动了。现在,你的想法是纸面上的问题,不再是头脑中的问题。船屋的大厅畅通无阻,船屋外的水面上也闪耀出新的光彩。你欣赏着这片风景,然后发现能见度的增加让一个隐藏的后果暴露了出来。现在,你能看到那些原本隐藏在垃圾后面的东西了……

第 4 章
THE FREELOADER PARTY
不速之客的派对

第4章　不速之客的派对

就像一部老套的杀人狂电影里那些英俊潇洒、毫无防备、20岁出头的年轻人一样，你即将发现这艘船屋里不止你一个人。

你已经清扫完杂物，现在，你看到了每位船主最可怕的噩梦——你的船上到处都是不速之客。在旅行的各个时间点上都不断有人上船，然后就再也不下船了。

这里有你的幼儿园老师，她曾经批评你，说你写字不规范。现在，她就坐在厨房的长凳上，正给自己斟满第八杯莫吉托鸡尾酒，同时仍然提醒着你写字不规范的问题。

当然，她的话含糊不清，但透过她的声调和面部表情，你明白了她要表达的中心思想——你很差劲儿。

你的大脑是一艘船屋

这里有你那不靠谱的**表哥**。你7岁那年,他曾经把穿着衣服的你推进游泳池里。他似乎正在观看一段循环播放的视频,内容就是你7岁时他把穿着衣服的你推进游泳池里。这唤起了你的另外一段记忆。你9岁时走进他的房间,发现他正在听蟑螂老爹(Papa Roach)乐队的《终极手段》(Last Resort),垃圾桶里有东西着了火,他正用圆规的针划自己的手腕。他转过身来,眼中含着泪,悄声说:"如果你告诉我爸,我就打你。"你甚至都不知道自己还有这样一段记忆,但它就在这里。

你在船屋里继续寻找。这里有个**特别的人**,你在15岁时疯狂地爱上了她。现在,她正站在角落里对你说:"我们做朋友吧。"你已经不再是15岁了,但站在那里的她和你依然年轻,这太奇怪了。

欺负过你的小学同学正在窗边健身。走近之后,你发现她用的杠铃上好像刻着一些字。你继续走近观察,失望地发现那些字是"狗屎发型"。你猛然间记起,这个小学同学当年曾经把狗屎扔到你头上,嘴里还唱着"狗屎发型",甚至鼓动全班同学加入了合唱。之后的两年半里,他们一直在唱这个。

第 4 章　不速之客的派对

你的父母出现了很多次（除非他们很少出现在你的人生中，在这种情况下，你父母的缺席就会出现很多次）。你妈妈穿着她唯一一次早早回家做饭那晚所穿的裙子；你爸爸穿着他在你小学表演音乐剧那天所穿的运动外套，当时你没能唱出台词，而是哭了出来。

这真是在伤口上撒盐！你之前清理杂物的努力正付之东流。刚刚被你扔出去的那些垃圾又都被这些不速之客捡回来，拖进了你的船屋里！你那些傻乎乎的童年小伙伴戴着牙套和软呢帽，捞起一台正在水中晃荡的、已经坏掉的 CD 播放机。他们用这台播放机放了一张 CD，CD 里全是你十几岁时说过的那些让人尴尬的话，比如"除了我们，所有人都是自动运行的机器"，以及其他有潜力成为碎南瓜乐队歌曲歌词的句子。

你注意到这些人似乎都来自你成长中那些不愉快的时刻——羞耻的时刻，困惑的时刻，还有害你反复回忆，越想越尴尬，乃至严重干扰你睡眠计划的时刻。当你认识到这种模式后，你感到了一点点安慰，但这种想法很快就被打断了，因为你又想起那个小学同学往你头上扔狗屎的情形。

这是一群很伤人的角色，而且他们根本不付房租。事实上，他们正在开一场派对——一场放肆表达观点的派对。

第 4 章　不速之客的派对

你的船屋经过了河岸边一栋看起来像是公司的办公楼,这促使你父母给了你两分钱的硬币,这点钱恐怕还抵不上电费。

你爸爸说:"如果你再努力一点儿,也许就能走得更远。"

你妈妈在一旁帮腔:"对啊!就像那个好姑娘凯拉·普朗克一样——她刚买了一栋新房子,正怀着第三个孩子。她丈夫是个会计,她自己是那种网上常见的私人教练,总是举着水果冰沙在海滩上拍照。我碰巧在商店里遇到了她妈妈,她问我你是干什么的……你是干什么的来着?"

你的船屋经过了一所学校。那个小学同学趁机嘲弄你:"还记得吗?你想在校车上和我们坐在一起,但我让所有人都一言不发地盯着你,最后你只好走开了。我记得清清楚楚。我把那些老朋友全都带来了,大家一起来回味那一天吧!"于是,你看到这个小学同学的小团体再次演绎了"校车事件",就像美国南北战争重现一样。

就在这时,你的初恋也趁机将了你一军,她告诉你:"如果你能机灵点儿,我们之间或许就会发生点儿什么,但很可惜,你基本上可以算是全世界最糟糕的人了。"

你只是经过了一所学校而已啊!

你的船屋经过了一所教堂，你那虔诚的阿姨滔滔不绝地进行了一场放之四海而皆准的演讲。她说你是个坏人，想用负罪感把你击倒。你的兄弟姐妹纷纷表示同意，因为他们无论对什么都会表示同意。

你12岁时的那个有点儿神经质的邻居给了你一把火柴，问你愿不愿意和他一起把教堂烧掉。你短暂地考虑了一下：也许这么做就能暂时摆脱其他声音的困扰了？

但是不行！你要像个成年人一样去应对这些声音。

第 4 章　不速之客的派对

> 喘口气吧！事情要变得奇怪起来了。

这些不速之客代表着你生命中的一类人。你不仅接受了他们的观点，还不知不觉地将它们内化为自己的看法。

这些人并不一定是坏人，反而往往是你真正深爱并尊重的人。正是这些人帮你建立了自我认同感，只不过他们使用的方式并不总是能促使你的自我认同感朝好的方向发展。

一个好心的叔叔可能曾无心地嘲笑过你那想要建造世界上第一辆通往月球的过山车的童年梦想。考虑到我们现在有限的技术水平，他的笑声是可以理解的，但童年的你并不这么想。你听到的是"我的梦想不值得被别人认真对待"。现在，你每次想要提出一个冒险的创意时，都会制止自己。虽然你可能并没有清楚地听到那个叔叔的笑声，但你能感觉到他的笑，于是你终其一生都在为自己未能发挥的潜力而暗自沮丧。

放这些不速之客上船倒也怪不得你，但现在你必须把他们赶出去了。

你的大脑是一艘船屋

现在的问题是，你已经为他们创造了一个完美的共存环境。

第 4 章 不速之客的派对

你拿出了零食和饮料，装好了迪斯科舞会上用的球灯，用一套大得过分的音响设备播放着他们最喜欢的曲子。不知不觉，你的船屋成了最适合不速之客休憩的温床。

你没有去对付这些不速之客，反而用各种闪闪发亮的刺激物来分散自己的注意力。为了掩盖大脑中的噪声，你给自己制造了更多的噪声。

要想赶走这些不速之客，你就必须让他们明白，这里是你的船屋，不是他们开派对的地方。你要引用 20 世纪 90 年代的经典摇滚歌曲《打烊时间》（Closing Time），告诉他们可以不回家，但绝不能待在这里。

就像是 20 世纪 80 年代校园电影里的教导主任一样，你走到墙角的立体声音响前，把它从墙上拽了下来。

瞬时，一片寂静降临，与刚才派对的喧闹场面形成鲜明的对比。

现在，那些不速之客正尖叫着遁入寂静的虚空。

那个欺负过你的小学同学大喊着：“这就是为什么谁都不喜欢你。”

你爸点头说：“我也想这么说。”

你在某年夏天露营时的头儿突然出现并告诉你：“小家伙，解散狂欢派对可不地道啊！”

这些叫喊会让你受伤，但你千万不能选择回避。我们不能再增加更多的人、喝更多的咖啡、用更多的时间盯着电子屏幕了，更不能放纵自己享受更多的酒精、性和蘸有香辣蛋黄酱的炸薯条了。

任何"更多"的东西对驱逐不速之客来说都没用。但是，我们可以试试"更少"。

关于尝试"更少"这件事，我分别有一个好消息和一个坏消息要告诉你。

坏消息：我们必须忍受每一位不速之客对我们的大喊大叫，不可以去寻找更多分散注意力的刺激物。

好消息：不速之客对着我们大喊大叫的时候，通常也就是他们离开的时候。他们还会不断试图溜回来，但如果我们不厌其烦地把他们一次次赶出去，最终他们会识趣的。

写日志来倾听自己的声音

安静下来

这里说的"安静下来"是指拒绝外界的刺激。有些人可能会称之为冥想,另一些人可能会说这就是坐着发呆,而我将其称为"把墙上的立体声音响拽下来"。无论管它叫什么,你要做的事情都不多。

冥想分为很多种,包括正念冥想、超觉冥想和咒语冥想。你需要找到适合自己的方法。如果你是个冥想新手,我建议下载一个冥想的App,由此开始冥想之旅。

虽然我完全不是什么冥想专家,但对我个人来说,有效的方法是这样的:

1. 闭上眼睛,正襟危坐10分钟。
2. 将注意力集中在自己的呼吸上。
3. 分心时,试着把自己拉回来,并重新把握呼吸的节奏。

写日志来倾听自己的声音
让他们大喊大叫

当你安静下来后,那些叫喊声就会响起。这时你会很想像一部精彩电影里的炫酷狙击手那样,把枪口一个接一个地对准那些坏人(在这部电影中,贫民区的孩子们通过社区提供的狙击手培养项目,找到了人生目标)。

拿出你的日志或录音机,把所有声音都记录下来,再小的声音也不要放过。最好就从最小的那个声音开始记录,循序渐进,由弱到强。

用下面的问题,调查你的每一位不速之客:

1. 关于时间:他们是什么时候进入你脑海的?
2. 关于主观解释:你认为那一刻意味着什么?
3. 关于客观事实:实际上发生了什么?
4. 关于模式:从那以后,这种感觉会在你人生中的什么时候出现?
5. 关于前景:如果他们离开了,你的大脑会变成什么样?
6. 关于可能性:你相信自己可以在大脑里没有他们的情况下生活吗?

你甚至可以做一张不速之客的列表,每个问题占一列,每位不速之客占一行。我发现用这种方法可以快速识别自己的思维模式。

以上方法的作用:减少他人观点对你的影响,这样你才能认清你自己的观点。

第 4 章　不速之客的派对

　　就像所有的日志练习或酸奶和花生酱的混合物一样，这种内省练习可能会让你吃惊，但你必须坚持进行。随着时间的推移，它会变得越来越简单。

　　我调查的第一位不速之客是我的姑妈。7 岁的时候，我和几位表哥一起去找复活节彩蛋。作为众多表兄弟里年纪最小的一个，我最后才找到自己的彩蛋。这并没有让我不开心，因为我真的很享受找的过程。但是，我姑妈无法理解这个游戏的乐趣，她自豪地把我那颗彩蛋的隐藏地点说了出来，还自以为帮了我。

　　这听起来只是一个微不足道的时刻，但它在我的脑海里免费住了大半辈子。在某种程度上，正是这一刻的经历，让我以后即使面临严重的问题也不愿意找人帮助。在调查不速之客之前，"接受帮助"总会让我产生一种失败感。成年后，"我自己能行"成了我的默认态度，因为在童年的那次经历中，"帮助"对我来说是一种侮辱。这让我走上了一条压力山大的道路，而我原本可以走得更轻松些的。在调查过不速之客后，"接受帮助"就只单纯地意味着"接受帮助"了，那条充满压力的道路也变得好走多了。我的姑妈已经离开了我的船屋。

　　此时此刻，也许你已经开始感觉到船屋变轻了。因为我们扔掉了杂物，也赶走了那些不受欢迎的不速之客。哇，你阻止了一场原本要在船屋中举行的超级怪异的海洋主题家庭派对！你太棒了！

　　最重要的是，我们已经开始养成习惯，可以和那些让人不舒服的记忆及其带来的奇怪感觉共处了。这种技巧叫作非评价性观察。在我们沿着生命之河航行并顺流而下、驶入大海的过程中，它还会继续帮助我们。

第 5 章

THE RIVER TO THE OCEAN

通过河流，
驶入大海

第 5 章　通过河流，驶入大海

当一位55岁的母亲和一个14岁的搞怪小孩使用了同样的小黄人表情包时，背景说明一切。我们面临的问题也是这样。我们已经进行了部分大扫除，也调低了音乐的音量，现在，让我们重新来看看船屋的背景——承载我们船屋的水流。

船屋通常都要驶向某个地方，否则它就只是座房子而已。但我们马上就会了解到这"某个地方"的具体情况，对船屋有巨大的影响。

一开始，船屋是沿着一条河顺流而下的。这条河和大多数的河流一样，有相对固定的河道。你的船屋基本上处于自动驾驶状态。作为船长的你，没有太多事情需要决定。你只是要学走路、说话、社交，去上学，去经历地狱般的青春期，做一大堆专属于青少年的傻事，但愿有一天它们只是变成晚宴上用于自嘲的段子。

这条河也会分出一些细小的支流。虽然你人生早期的一些因素是可以私人定制的，但这段时期主要还是由你出身于什么样的家庭和文化决定。你所在的水系可能是一条平缓的小溪，可能是一连串的急流，也可能是一座复杂的水上迷宫。

但总的来说，你生命中的第一个阶段通常会遵循这样一条原则——单向流入大海。

通常来说，在经历了充斥着粉刺和混乱的青春期后，河流会到达三角洲区域。突然，每一位叔叔、阿姨和指导顾问都开始问你同一个可怕的问题："你这辈子打算干什么呢？"

这是什么意思？

你还年轻！你才刚刚到达三角洲，前方就是无边无际的大海。你还没有见过多少世面，就要给这个问题一个可靠的答案了吗？

选项似乎无穷无尽，但你现实经验有限，只见过你人际网络中那些人的生活。这就造成了一个巨大的问题——你的参考系仅限于这些人做的事。

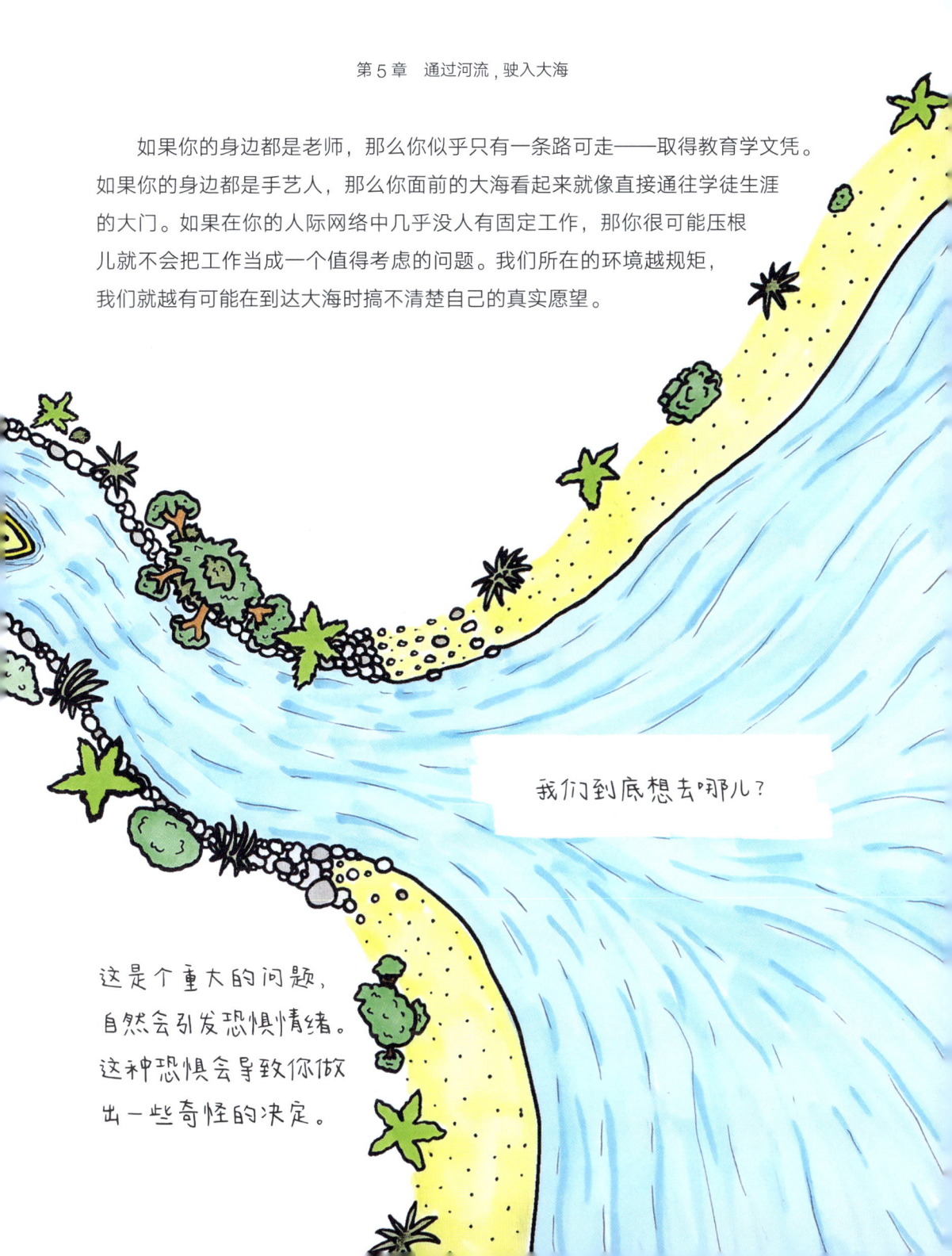

第 5 章　通过河流，驶入大海

如果你的身边都是老师，那么你似乎只有一条路可走——取得教育学文凭。如果你的身边都是手艺人，那么你面前的大海看起来就像直接通往学徒生涯的大门。如果在你的人际网络中几乎没人有固定工作，那你很可能压根儿就不会把工作当成一个值得考虑的问题。我们所在的环境越规矩，我们就越有可能在到达大海时搞不清楚自己的真实愿望。

我们到底想去哪儿？

这是个重大的问题，自然会引发恐惧情绪。这种恐惧会导致你做出一些奇怪的决定。

你的大脑是一艘船屋

有时候，这种恐惧会让你一连几年把船屋停靠在岸边，或是让你直接驶向附近的"烟枪半岛"，那里烟草丛生，到处都在播放动画片《探险活宝》（Adventure Time）。

这些都是逃避责任的好去处，但它们也限制了海上航行原有的无穷潜力。

第 5 章　通过河流，驶入大海

另一些时候，这种恐惧会让你紧跟大多数船只的轨迹。跟着大部队走，准没错！

　　你已经看到妈妈的船屋驶向"稳定工作岛"了，那你有什么理由不照做呢？这种做法可能会让你得到很不错的结果，但也有可能带来不幸，让你长期深陷痛苦，同时失去你没走过的那些航道中的各种可能性。

也许你看着家人受苦受难，多年来只能为了付房租而东拼西凑。抵达大海后，你要做的第一件事就是想办法解决所有经济困难。你的心可能是好的，但你的行为却散发出缺乏冲动控制能力的气息。

你直接驶向了"小偷小摸海峡"，在那里打劫药店、贩卖非法药品，后来又开始搞"庞氏骗局"。你妈妈现在有钱买胰岛素了，但她的宝贝儿子最终进了监狱。

你也可能处在另一个极端。也许你的父母都是知名的诺贝尔奖得主，你的姐姐有望成为第一个登陆火星的人，你的哥哥发明了一种全新的车轮。接下来就轮到你了。在这种情况下，你有可能会随意选中在大海上见到的第一件能够缓解压力的东西。

也许你的第一步是直奔"卓越者荣誉海湾"。如果你能顺利抵达,全世界都会知道你的父母极其成功。

但是目前看来,也许你根本到不了那里。相反,你掉头奔向"肾上腺素海湾",那里有清澈、碧蓝的海水。当你滑着滑板飞出去却没有摔死时,当你在商店里偷东西却没人发现时,当你戴着一张马脸面具在商场里裸奔时,你沉溺于随之而来的小兴奋,以此发泄内心的不满。你没能一举解决全世界的贫困问题,却开始匿名制作恶搞视频,并为你那完美的父母毫不知情而沾沾自喜。

在大海里，你的船屋哪儿都可以去！

缺点也是，你的船屋哪儿都可以去。

要想找到人生道路，我们必须先接受一些有关它的说法：

01. 人生道路不是一张摆脱痛苦的王牌。

02. 选择了一条人生道路，并不代表你就被锁定在这条道路上。如果你不想继续走下去，那你一天都不用再停留。

03. 不选择人生道路，也是一条人生道路，只不过这条路不怎么样。

你的大脑是一艘船屋

这个社会推崇为了追求梦想而不惜退学的天才，以及曾经濒临死亡、一生追求健康且积极向上的励志运动员。这些人的故事都很精彩，但它们经常被误认为是针对一切疑问和困难的"解决办法"。结果，整整一代人都驾着船屋去找那条永远告别消极情绪的、唯一正确的道路。然而，这样的道路根本不存在。

在浩瀚的大海中只有一个目标值得追求，这种想法同样残酷。这会让你错过其他所有你想要探索的地方。

另外，尽管大海可能让你不敢前进，但延期出发不会在目标评估上给你带来优势，反而会限制你的选择。只有在选择了一条道路后，更多的道路才会出现，而不是相反。你越深入大海，越能看到更多的地方，越能成为更优秀的水手。

写日志来找寻方向
写出 5 年前你想要的一切

　　5 年前，你想要一辆装有涡轮增压发动机的房车，外加一艘心爱的摩托艇吗？也许你想在脖子上文一只举着胡萝卜烟枪的兔八哥，并叫它"兔烟哥"？也许当时的你比现在要有雄心得多，但在 5 年后的今天，你已经明白自己永远不可能开一家夜店兼饼干店了，你充其量只设计出了"迪斯科饼干"的商标。把这些全都写下来吧。

　　这个问题是为了让你认识到，我们想要的东西会随着时间的推移而改变。同时，你也会认识到，有些愿望是保持不变的。

　　如果你想要更进一步，可以将"5 年"替换成任意时间，远近都可以，然后再次回答。

写日志来找寻方向
写出你现在想要的一切

你已经拥有了房车和摩托艇,现在只希望能有更多时间去摆弄它们吗?还是说你的目标已经不一样了,只要有 6 只猫和一根游泳棒就会很开心?你想创作一部伟大的连环画吗?或许你想发明一台机器,用它把海洋中的塑料垃圾变成植物的肥料,但又担心投资者会被你脖子上的文身吓跑?

不要害羞,也不要被自己当下的状况限制。不用担心你的目标是不是互相冲突,也不用担心自己能不能实现它们。如果你想要 5 份不同的工作,想要一座位于巴西的海滨别墅,还想骑着自行车穿越非洲,那就把它们全都写下来。

我们正在练习的是如何记录自己的愿望。这份清单安放着我们的梦想和需求。在这些梦想和需求中,你可以找到一条通往充实人生的道路,以及一个让你满意的清晰头脑。

以上方法的作用: 让你认识到自己想要的东西会随时间变化,但有时也会保持不变。

第 5 章 通过河流，驶入大海

当你使用上面的方式回顾你的生活时，你会发现自己已经有意无意地走上了某条道路。船屋产生的航迹不会说谎。看看旅途中留下的证据，你已经在一路上不可避免地发生改变并且成长了。5 年前，你可能认为有些目标十分重要、必须实现，但今天经过反思后，你已经认识到在大学宿舍里向多力多滋玉米片的厂商发起挑战只会白费力气。经验就是在你需要它们的时刻过去后才会获得的东西。

看看你现在的目标。也许你的清单很长，一辈子也无法全部实现。也许你的清单很短，你想知道自己是不是应该向生活要求更多，或者自己是不是值得拥有更多。不管怎样，总有些愿望更容易引起你的共鸣，总有些方向让你感觉更安全、更明智，总有些目标能够令你兴奋不已，但同时又让你像在通勤高峰期时从立交桥上往下跳一样胆战心惊。

你发现自己想要的东西相互之间无法调和——这很正常。随着你在大海上逐渐成长，你可能会发现自己选择的方向和逐渐找到的真实自我之间有冲突。你也有可能发现自己的愿望和需求同实际能够得到的东西不一致。事实上，这是极有可能的。

你梦想驾着船屋去"离群独居湾"，在那里建造一座自给自足的菜园和一个彩弹射击场。

同时，你也想把船开到"律师岛"，在那里穿着 20 世纪 90 年代的职业套装，挣足够的钱去养活你孙辈的机器人孩子。

但是，当你细看你船屋的航迹时，却发现它其实是向着"面包师海滨度假区"航行的。你在同一家面包店工作了好多年，已经开始对松饼失去兴趣，但还没有调整路线。

如果你发现自己处在这种情况下，一定要尽快从中脱身。要做到这一点，我们就必须和老板们谈一谈……

第 6 章

THE FIVE BOSSES

五大老板

第 6 章 五大老板

现在，你感觉头脑更清爽、更安静了，你也检查了自己的内部指南针。也许你终于搞清楚了自己想要什么，又需要什么。比如，你想要一栋舒适的房子和一条会取报纸的拉布拉多犬。或者你想要一个明显更酷炫的名字，比如菲尼克斯或麦克弗拉姆。比如，你需要得到《极品飞车》(Need for Speed)的蓝光碟。

一进入大海，你就要站出来掌控大局了。从现在开始，你将驾驶船屋，朝着你想去的地方航行。但你可能还是会害怕走错路。

更糟糕的是，当你走向船舵那边时，你发现有5个人影正在向你逼近。这些人就是"五大老板"。你不用思考自己到底想去哪儿了，因为对于你应该驾船驶向哪个方向的问题，五大老板各有各的意见。

当你试图为自己导航时，五大老板开始发出相互冲突的指令，而且他们每一个人的理由听起来都很有说服力。这是因为他们分别代表着相互冲突的不同需求。

明智的塞尔玛

塞尔玛要确保你有个栖身之所，还要确保船屋各处都不漏水。她关心的重点都是那些最基本的事，如吃饭、睡觉、活着。她的兴趣还包括监控你的银行账户余额、提醒你戴头盔，以及告诫你不要以身试法。

活在当下的卢卡

卢卡是一个一流的冲浪哥们儿，对生活充满欲望。他希望你能一直随心所欲地生活。如果你喜欢游览酒庄，卢卡可以帮你证明这个决定是正确的。如果你喜欢滑雪，卢卡会很高兴地帮你查找最近的高山雪道。如果你沉迷于在树林里和一群奇幻迷玩角色扮演游戏，卢卡保证会把这一需求排在工作、金钱乃至其他一切之前。

第6章　五大老板

友好的弗雷娅

给弗雷娅点个赞！她告诉你要把船屋开到船最多的地方。她想要社群、亲戚、朋友、家人,还希望所有这些都能被打包在一个绿意盎然的可爱的嬉皮士小镇里。弗雷娅最喜欢的就是人,如果有份理想的高薪工作,但必须孤身在大城市里打拼,她宁愿放弃这份工作,和好友一起在街头卖艺。她喜欢集体拥抱,喜欢长时间在沙滩上聊天,更喜欢一边在沙滩上聊天一边长时间地集体拥抱。

雄心勃勃的阿齐兹

阿齐兹的任务是让你掌管世界、赢得奖杯、出人头地。他就像直接从21世纪初的校园电影里走出来的那种大学兄弟会成员。弗雷娅太软弱,卢卡太懒惰,塞尔玛太无聊。如果听阿齐兹的,你和你的船屋就能变得超有钱、超受人尊敬,你还能拥有超棒的腹肌。兄弟,这可是三大梦想成真啊!你们马上就能一起去好莱坞参加派对了。

好心的吉尔达

吉尔达虽然看不起阿齐兹,但她不会说出来。她希望你做个好人,追求心灵上的满足,更希望你能享受那种问心无愧的感觉。没错,我们挣了100万美元,但如果我们把这些钱分给其他人,会不会感觉更好呢?吉尔达总是无私奉献。她解决有轨电车难题的方法是:先拆掉铁轨,拯救所有人,然后回收铁轨上的材料,用这些材料给流浪汉盖房住。

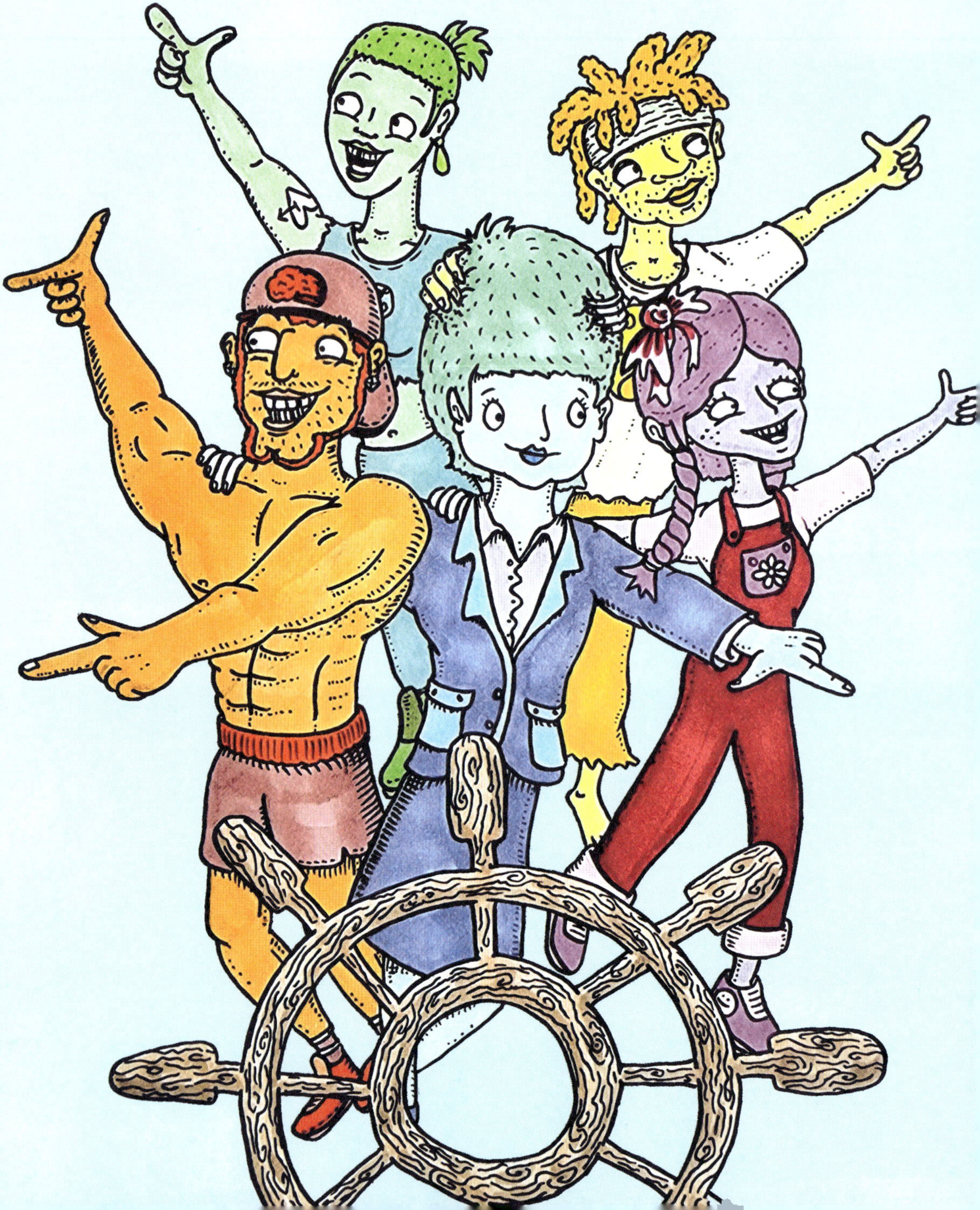

第6章 五大老板

> 在同一艘船上，这5个截然不同的人希望得到截然不同的东西，而且他们都从不休假。

　　如果你曾经同时和两位老板共事过，就知道应付相互冲突的命令是一件多么困难的事情。在你的脑袋里上演的，正是这一情况的加强版。

　　为了追求高尚与正直，吉尔达把一大笔钱捐给了慈善机构；卢卡则表示我们本该用这笔钱买一块站立式冲浪板。

　　弗雷娅认为我们应该继续做现在的这份工作，因为虽然工作内容、薪酬、地位和影响力都不尽如人意，但我们和单位里的人关系很好；阿齐兹却不顾一切地试图说服你，我们应该得到更多的尊重。

　　在这点上，吉尔达出人意料地站在阿齐兹一边。她认为我们应该发挥自己的全部潜力，而不是就满足于身边有陪伴的人。

　　塞尔玛则坚决反对："如果我们不工作，就拿不到钱，买不到吃的，最后我们都会饿死！"

　　要想高效地驾驶这艘船屋，你不可能同时满足这五大老板的要求。你必须思考在什么时候应该听哪位老板的话，哪个方向能让大多数老板满意。

这就是为什么你很难选定人生方向，为什么你很难对自己选择的方向感到满意。你的头脑中有着相互抵触的欲望和需求，它们很少能够同时得到满足。没有哪条路能让你内心中的每一部分都完全满意，我们必须欣然接受妥协。

举个例子，你正在考虑要个孩子。

明智的塞尔玛对此没意见，只要你有能力养活自己和孩子就行。

活在当下的卢卡则表示反对。有了孩子，你就没有时间画画了，也没时间去秘鲁旅行和练习走钢丝了。

友好的弗雷娅特别想要孩子！她说，这样你就有了一位永远的朋友，不用再担心孤独终老了。

雄心勃勃的阿齐兹很为难：一方面，有了这个孩子，你也许就当不成亿万富翁了；另一方面，你可以和孩子穿亲子装，拍出超萌的照片，然后发布在网上，涨一大堆粉丝。

好心的吉尔达提醒你，虽然人口过多是个大问题，但说不定你的孩子就是最终攻克癌症的那个人。

由于你还没有练好走钢丝，你决定听从活在当下的卢卡的声音，他认为走钢丝才是目前对你来说最重要的事。

当你做出这个决定时，可能会伤害到一些人，比如友好的弗雷娅，她会觉得自己被忽视了。你安慰她说，再过几年，你就会按照她希望的去做，但现在，你的目标是学会在一根绷紧的绳子上保持平衡。

就像在工作中一样，如果老板因为要求得不到满足而心烦意乱，整个工作环境就会变得压力满满。这就是为什么即使是"正确"的决定，也会让人感到害怕。也许你听从了明智的塞尔玛的意见，为了省钱而搬回家和父母一起住，但雄心勃勃的阿齐兹已经准备好装修新房子了。

你有可能因为经常忽视某一两位老板，所以现在已经很难再听到他们的意见。也许你总是任由雄心勃勃的阿齐兹发号施令，结果活在当下的卢卡和友好的弗雷

第 6 章 五大老板

娅都直接放弃了！他们学会了闭口不言，不再尝试提出玩桌游和踢毽子的建议来平衡阿齐兹一味追求成功的欲望。

我们需要站在掌舵人的位置上依次倾听每一位老板的意见，先是塞尔玛，然后是卢卡，一直到吉尔达。

写日志来表达欲望和需求
针对五大老板的 6 个问题

还记得吗？在上一章里，你写出了自己现在想要的一切。如果你还留着那份清单，那就太好了！如果你需要重写一份，也没关系。

希望这份清单看起来好玩又刺激，还包含一些你想要下的重大决定。我们将一一对这些欲望进行压力测试。

对于每个目标，我们会提出以下 6 个问题：

1. 明智的塞尔玛想让你怎么做？
2. 活在当下的卢卡想让你怎么做？
3. 友好的弗雷娅想让你怎么做？
4. 雄心勃勃的阿齐兹想让你怎么做？
5. 好心的吉尔达想让你怎么做？
6. 谁的意见最重要？

要评估谁的意见最重要很难，而且答案会随着环境变化。有些道路总会惹得某一两位老板不高兴。但是，只要每一位老板都说出自己的意见，你可能就会发现哪些道路引发的冲突更少。

以上方法的作用：让你明白世上没有十全十美的道路，但有些道路带来的内心冲突会更少。

有时候，五大老板也会达成共识。

比如，你立志成为一名医生。明智的塞尔玛对医生的收入很满意，同时也提醒活在当下的卢卡，这么多钱足够他把节日门票、早午餐和宠物犬买个遍了；雄心勃勃的阿齐兹期待着能在奢华的宴会上亮出医生的头衔；友好的弗雷娅认为医生的人际交往应该会非常精彩，就像《实习医生风云》（$Scrubs$）里演的那样；好心的吉尔达则相信这份职业不仅能够造福社会，还会增强你的贡献感。

这就对了！就这么定了！你要成为一名医生！船长大人，驾船前进吧，向着这个目标进发！

当你正兴奋异常时，你突然听到一个声音："万一你失败了，在转瞬即逝的生命中浪费了宝贵的 10 年光阴呢？"

另一个声音也直击你的内心："还有，你肯定不够聪明。以你的智商只适合去做广告。"

最后一个声音传来，完成了致命一击："人终归逃不过一死，努力又有什么意义呢？"

这些声音不是来自五大老板的，甚至不是来自不久前被我们赶走的那些不速之客的。你刚刚听到的刻薄声音来自船屋的更深处……

第 7 章
THE GRUMPY SOCK PUPPETS
爱闹别扭的袜子布偶

第 7 章　爱闹别扭的袜子布偶

生活是不公平的，在你的大脑里更是如此。五大老板终于在路线问题上达成一致，你也准备好驾着船屋穿越深海，但此时此刻，你的决定还需要通过另一位看门人的考验。

这位看门人是一只无害的章鱼，它的触手上粘着无数爱闹别扭的袜子布偶。

这些爱闹别扭的袜子布偶盯着你，就像饿极了的狮子盯着羚羊一样。这头羚羊四条腿全断了，倒在美味多汁的牛排大床上，由最近风靡全国的烹饪节目大奖获得者亲自腌制并调味。

想象一下，一群讨厌的批评者对你做过的每一件事都吹毛求疵。现在，把这些批评者全都塞进你的大脑里，把它们变成爱闹别扭的袜子布偶，并粘在章鱼的触手上，放任它们剖析你的一举一动。

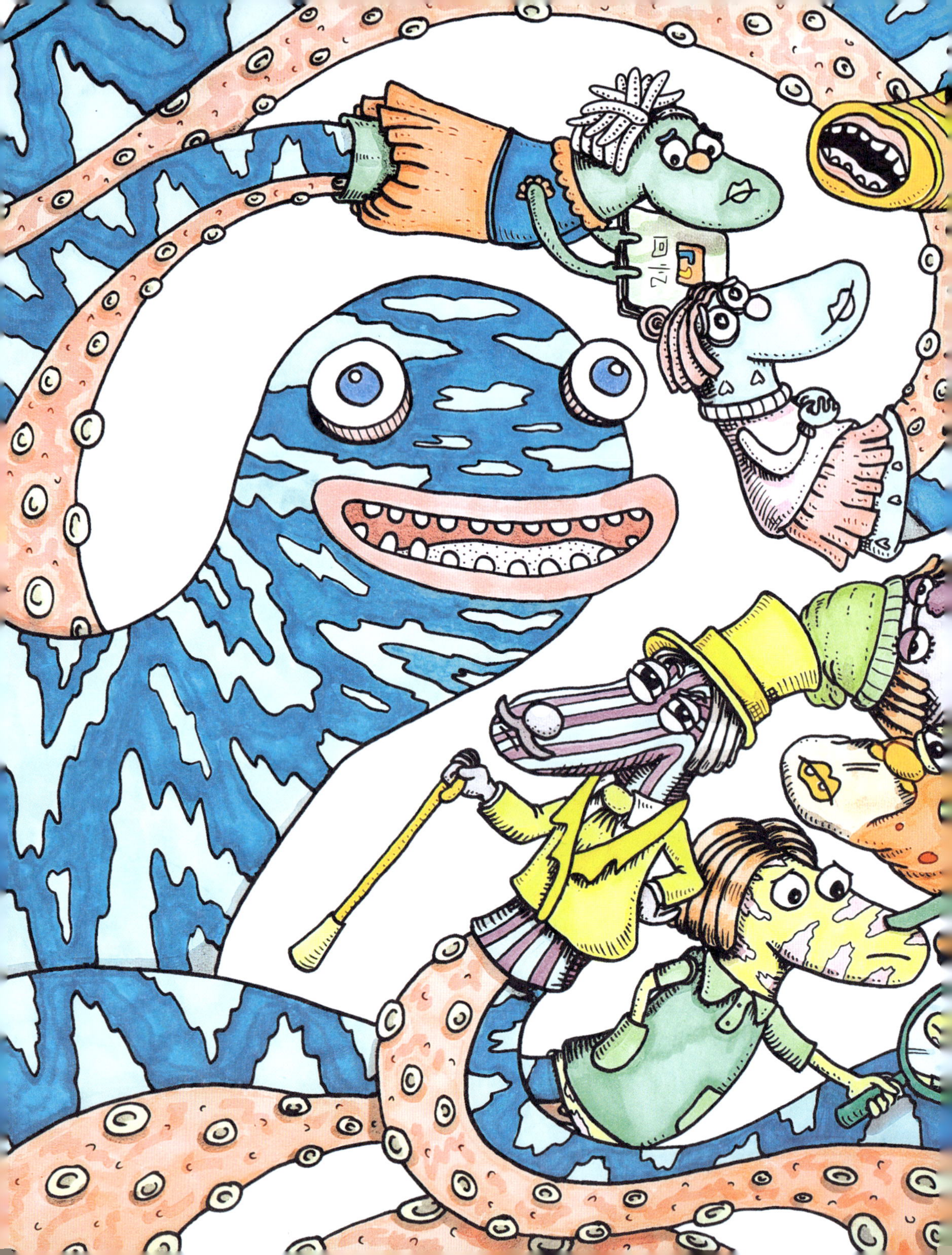

这些捆在一起的恶霸都是什么人呢?让我们来认识一下。

虚无主义者内莉

每一个行为都会带来一个反应，而内莉的反应就是问："有什么意义呢？"她会迅速告诉你，人终有一死，这么说不是为了激励你"好好利用宝贵的时间去做些事"，而是在表达"何必要白费力气呢？反正你最终总会变成一堆蠕虫的食物"。她通常会在青少年时期进入你的大脑，那时你很乐意让她进来。不管怎么说，她很酷，对一切都满不在乎，有着另类的音乐品位，还会一边损人一边抽烟。

胆小鬼特里

你见过这种总是立即想到最坏情况的人吗？面对任何可怕程度超过向日葵的东西，特里都会吓得缩成一团。当你站在高高的跳水板上踌躇不决时，特里会插嘴说："我们会摔断脖子的，还是从梯子上下去吧。"当你在《X音素》（The X Factor）的海选报名现场犹豫到底要不要向那些至今还看电视的人展示自己的霹雳舞技时，特里会提醒你，你有可能被观众轰下台，然后你就会丢掉工作、彻底破产，最终生活困窘，在来年春天就咽了气。虽然特里没什么骨气，却仿佛有种超能力，能阻止你的船屋下水航行。

第 7 章 爱闹别扭的袜子布偶

缠人精尼娜

尼娜有一个坏习惯——每当你好不容易选定航向、准备驾船前往时,她就会问:"别人会喜欢我们这样做吗?"如果答案是否定的,她就会变得寝食难安。当然,她绝对不会用自己的不安去打扰别人。尼娜只是想确保每个人都喜欢自己,没人讨厌自己,并且天下太平!如果你曾经在其他人面前如履薄冰,不敢惹别人生气,如果你毫无必要地在网上发表了和大家一致的观点,如果你还在反复回顾上周四上午 11 点多自己在开会时不小心说出的蠢话,那么我敢打赌,一定是尼娜掺和进来了。

分心者戴夫

老天保佑,戴夫只想整天抽烟、喝酒、看电视,以及无休止地刷手机。戴夫根本就没打算读完这本书。别的先不说,阅读太累人了,而且你的手机就放在旁边。戴夫也不太喜欢思考。也许你曾在截止日期前一晚大汗淋漓地赶任务时,突然鬼使神差地决定和那些最爱惹是生非的朋友一起去附近的酒吧,喝下 19 杯玛格丽特酒,再把足够养活四口之家的钱挥霍一空。那么,导致你做出这种事的家伙就是分心者戴夫。

讨厌鬼雨果

雨果的人生目标是预测批评者可能会对你说什么,然后抢在那个人之前说出来。举个例子,你打算为朋友的生日宴会亲手做一个蛋糕,但你以前从来没有烤过蛋糕,所以你对结果不太有把握。在做蛋糕的每一步时,雨果都会尖叫:"这个蛋糕会是你有生以来做过最糟糕的东西。"即使最后这个蛋糕烤得很不错,雨果也不会有一句好话,他会模仿着你朋友的样子说:"今晚很美好,直到我们被迫吃掉那个恶心的蛋糕。"雨果就是"这是你写过最烂的歌""难怪你比不过你的表妹苏珊"等常见金句的来源。

完美主义者珀西

珀西把生活当作一部韦斯·安德森(Wes Anderson)的电影。他的核心信念是:如果我们能掌控周围的一切,这辈子就再也不会感觉不舒服了;我们应该做到完美,避开内心中一切可怕的事物。这是一种非常危险的思维方式,因为它会阻止我们享受乐趣和不断尝试。珀西一直认为,完美是通往有史以来最伟大人生的唯一道路,你必须走上这条路,否则就没救了。但珀西并不知道,完美主义根本就不是一条道路,而是一排路障。

第 7 章 爱闹别扭的袜子布偶

后悔者拉莫娜

拉莫娜就像一本时间旅行小说中第二幕里的迷人主人公那样被困在了过去。打个比方,你是一名处于上升期的青少年运动员,年仅 14 岁。此时此刻,你正在篮球比赛的决赛场上,距离比赛结束还有 5 秒钟,你们队落后 1 分,而身边无人防守的你即将投出一个决定胜负的 2 分球。但你失手了。这让你产生了深深的羞愧感,导致你产生了自我厌恶感,催化了你的青春期叛逆情绪。这件事对你的影响一直持续到你 30 岁以后。拉莫娜会始终沉迷于这一时刻,称其为"毁掉一切的一刻",却忽略了青春期的叛逆是不可避免的,也忘记了你其他的成功时刻。更糟糕的是,在某种程度上,她依然相信你可以回到过去,改变这一切。

攀比者康妮

每当你的船屋朝着一个固定的方向航行时,康妮总会紧盯着其他船屋,比较你和其他人的决策,而且这种比较往往对你没有半点儿好处。她会把你的船屋和那些年龄、尺寸、诞生时的收入均是你两倍的船屋放在一起,比较两边的决策。更糟糕的是,她会专门比较船屋的某个方面,其中有些东西甚至根本不是你能决定的。今天,她比较的是窗户。她把你的船屋和另一艘窗户特别好的船屋相比,完全忽略了你的船屋上那些优质的木纹装饰。如果你曾经感到嫉妒,或是觉得自己不在人生中原本"应该"在的位置上,那都是多亏了康妮。

你的大脑是一艘船屋

我们已经正式介绍完了爱闹别扭的袜子布偶们，接下来，我们将正式介绍让他们静音的按钮。

让我们粉碎这些粗制滥造的傻瓜给你的糟糕批评吧！

第 7 章　爱闹别扭的袜子布偶

与五大老板不同，这些爱闹别扭的袜子布偶看起来并不是想帮你。他们也会告诉你该往哪儿走，但最终结果好不到哪儿去。如果你像听从老板的话一样，也听从他们的指示，那么你遭遇海难的次数恐怕会比一艘纸折的远洋邮轮还多。

爱闹别扭的袜子布偶也不同于不速之客，你无法在记忆里迅速找到他们的明确来源。也许他们的确产生于某段记忆，但从此之后就成了独立的实体。他们是你的消极自我信念、回避倾向和不安全感的巅峰产物，而且他们是用绒球做成的，每一个都目光呆滞。

但就像对待不速之客和五大老板一样，对待爱闹别扭的袜子布偶时，正确的方式是：不要回避他们，要听他们把话说完，要让他们对你大喊大叫，让他们把想说的说个清楚，然后你就会意识到他们其实什么也做不了。

毕竟，他们只是袜子布偶而已。你越细听他们说的话，就越能够意识到，他们只是一些缝在一起的旧布头。这些布偶就像明星总裁，充其量只能起到装饰的作用，有名无实，执行权很有限。就像英国女王没有对外宣战的实权，这些爱闹别扭的袜子布偶也一样无法向你宣战。

你的任务就是提醒他们这一点。

下一次，当胆小鬼特里试图说服你别去尝试新事物，比如制作陶瓷艺术品时，就让他尽管说去吧。他会把这件事说得极其恐怖，警告你如果不小心，黏土很可能会永远粘在你的手上弄不下来。另外还有烧制陶器用的窑，那就像《电锯惊魂》(*Saw*) 里的死亡陷阱，时刻准备着为你上演特别版的《糖果屋》(*Hansel and Gretel*)。在你做出一个花瓶之后，又会怎么样呢？你把花插进去，加入水，结果花瓶漏了，因为你根本不是一个合格的陶瓷艺术家。然后呢？家里就会变得一团糟！

你要让特里尽情喊叫，直到他再也叫不出声来为止，然后对他表示感谢。乍一看，特里似乎存心不想让你成为一位雕塑大师。但在特里看来，他只是想要保证你的安全。他真诚地相信一旦你走进那家陶艺工作室，你就会被一堆黏土绊倒，你的整张脸都会被钢琴线切掉。他恨不得让你"用塑料包装纸把自己裹住,然后整天躺在床上",这么做都是为了保护你的安全。

事实上,爱闹别扭的袜子布偶每次唱出闹别扭的警报之歌,都是在以自己的方式让你远离危险。就像是一个 5 岁小孩想用手指蘸着颜料画出全家福,他的用心是好的,但实际结果惨不忍睹。对不住啦! 5 岁小孩们,我无意冒犯你们。

莎士比亚借哈姆雷特之口说:"其实世事并无好坏,全看你们如何去想。"爱闹别扭的袜子布偶的批评能让你的生活陷入其实并不存在的地狱。我们无法操纵大海,但我们可以操纵自己的船屋。我们不仅要关注外部世界,还要关注自己对外部世界的反应,这样一来,我们就能建立起维持头脑清晰的坚实框架。

举个例子,你走进一家健身房,然后一股不安全感立刻向你袭来。你看了一眼二头肌圣殿里那些雕塑般的样本,又看了看自己。你心想:"开什么玩笑,我应该直接放弃治疗,还是去'干掉'一包薯片吧。"

爱闹别扭的袜子布偶们纷纷随声附和。

第 7 章　爱闹别扭的袜子布偶

但是，如果这些声音其实只是为了缓解潜在的痛苦呢？

你的大脑是一艘船屋

爱闹别扭的袜子布偶	在那一刻,如果他们举起麦克风并吸引了你的全部注意力,他们会说什么?
虚无主义者内莉	放弃这些健身的玩意儿吧。反正你难逃一死,当你变成骨灰以后,身材又有什么意义呢?而且,那一天说不定会比你预想中来得还要早。
胆小鬼特里	我担心我们用起这台复杂的四人健身器材来会显得很蠢。还有,万一你肌肉撕裂,造成永久性损伤,再也不能走路了,那该怎么办?
缠人精尼娜	至今都没有人对我们表示欢迎,也就是说,我们在这里是不受欢迎的。在我们因为占用器材、惹恼所有人而挨骂之前,赶紧走吧。
分心者戴夫	哥们儿,我有个主意。让我们休息一天吧,带上酒瓶子和面包去喂鸭子,不醉不归。
讨厌鬼雨果	我的天哪,你当真想让你那可怜巴巴的橡皮泥身体变得结实吗?还是回去痛痛快快地吃你的小熊橡皮糖吧。这里没有你的立足之地。
完美主义者珀西	你的锻炼技巧很糟糕,你也没有计算过自己吃了多少东西。除非你能坚持不懈地全身心投入健身,否则只会徒劳无功。
后悔者拉莫娜	你为什么不从年轻的时候就开始锻炼呢?你为什么这么多年来一直不愿意锻炼呢?如果你能早点儿开始,现在你就遥遥领先了!
攀比者康妮	看看那些人,还有他们做的那些练习。再看看你,什么都不会。私底下再说一句,你永远不敢像他们那样脱掉运动服。

第 7 章　爱闹别扭的袜子布偶

怎样把他们重新解释为一种帮助我们远离痛苦的应对机制？

_____

如果根本不在乎，你就不会受伤了。人只有投入感情地生活，才会感到痛苦。

_____

恐惧可以阻止我们去冒险，因为风险会让我们失去已经拥有的东西。

_____

只要不断证实，我们就不用去调和内心的所有负面情绪。

_____

如果你尝试了，就有可能失败。既然你可以去想点儿别的事，何必冒险尝试呢？

_____

如果你能预见到那些讨厌鬼会怎么说，那么当他们真的出现时，你就已经做好准备。这是一场彩排。

_____

如果你是完美的，就从不会感到难受，至死都毫无痛苦。

_____

不断地后悔过去，是为了保证你再也不会感受到后悔的痛苦。

_____

你和那些比你优秀的人的差距越小，你不得不接受的自己的缺点就越少。

对于自己内心的批评者，我们越是能够泰然处之，就越容易领会到他们的真实目的，他们对我们的影响也就越小。

> 写日志来重塑不安全感

回想上一次你对自己不好的时候

用一两句话把事情的经过写下来，然后试试下列方法。

想象一下，在那一刻，如果你给每个爱闹别扭的袜子布偶一个麦克风，对他们投入全部的注意力，他们会说什么？你也许会发现，某些声音特别响亮。你也可以继续添加你大脑中具有代表性的其他声音，如冒名顶替的伊万或神经过敏的恩盖尔。

现在，每个爱闹别扭的袜子布偶都冲我们大喊大叫过了，就让我们从一个不同的角度去理解他们。我们要把他们重塑成一种帮助我们远离痛苦的应对机制。他们真正想对我们说的，到底是什么呢？

你要带着同情心去看待这些爱闹别扭的袜子布偶，与每一个布偶好好相处，直到你能够领会他们的意图。下面是一些供你探索的问题：

1. 在我的生活中，这个爱闹别扭的袜子布偶会在什么样的时候出现？
2. 我第一次听到他们的声音是什么时候？
3. 我打算与他们怎样共同生活？
4. 他们现在感觉怎样？
5. 我该怎样向他们表达爱意？

以上方法的作用： 让你内心的批评声失去影响力，将其重塑成一种保护机制。

第 7 章　爱闹别扭的袜子布偶

现在，也许你的问题反而比以前更多了。这艘船上到底有多少东西？如果那些不速之客又回来了，该怎么办？为什么你所有的目标都会引发内部管理纠纷？为什么你的负面反馈来自一只只被装饰过的袜子，而且名字还那么搞笑？为什么这一切都让你这么头疼？

之所以产生这么多问题，是因为我们没有放眼全局。之所以没有放眼全局，是因为我们还做不到。有些东西模糊了我们的视线……

第 8 章
THE WACKY WINDSHIELD

古怪的挡风玻璃

第 8 章 古怪的挡风玻璃

要驾驶这座倒霉的船屋并不容易，古怪的挡风玻璃更是让这件事变得比解出一道空白数独更困难。通常，挡风玻璃会提供宽广、清晰的视野，让舵手安全地驾驶。可是，你船上的挡风玻璃恰恰相反。

我们已经获得或将要获得的所有信息，都必须先通过古怪的挡风玻璃才能为我们所得。这是一块懂得深度学习的挡风玻璃，但它并没有酷炫的高科技学习系统。它是你面向世界的窗口，一半是玻璃，一半是电脑屏幕。你可以通过它看到外面的世界，但永远不可能通过它看清世界的全貌。这是因为它受限于一系列挑战性的设定，这些设定的作用就是选择性地遮蔽窗外的世界。

有些时候，古怪的挡风玻璃会把一切都挡在外面，只让惹你生气的东西通过。另一些时候，它只注意方圆 10 米范围内所有能够给你带来即时快乐的东西。还有些时候，这些设定就像搞怪相机里的滤镜，把一个好好的人变成哥布林。

古怪的挡风玻璃很难客观地处理信息，但它发展成这样是有充分理由的，那就是它能带你走捷径。有了这些设定，你就可以只利用现有信息做出决定。

我不是说过了吗？它很古怪。

负面设定

当古怪的挡风玻璃被设定为负面时,你只能透过它看到糟糕的东西。外面的世界在你眼中不再有明媚的阳光、数百万幸福的船屋和那种名叫鹈鹕的搞笑动物,挡风玻璃只让你看到痛苦和悲伤。这种设定能让我们看到无数毁灭、死亡和破坏,简直比一张碾核专辑封面上的还要多。1 000米外的那个东西是沉船吗?天哪,这种事也可能发生在我们身上!赶紧恐慌起来!

确认设定

确认设定让古怪的挡风玻璃只允许符合我们先入之见的内容进入。如果你已经打定主意,认为你所在的世界是一个扁平的碟子,四周被冰架包围,那么确认设定就会让你只能够获得证实你这个想法的信息。同样,它也会尽力把相反的证据阻挡在外。真有数不清的数据证明了地球是圆的吗?谁知道呢?反正它们从来都没能通过挡风玻璃!

可用性设定

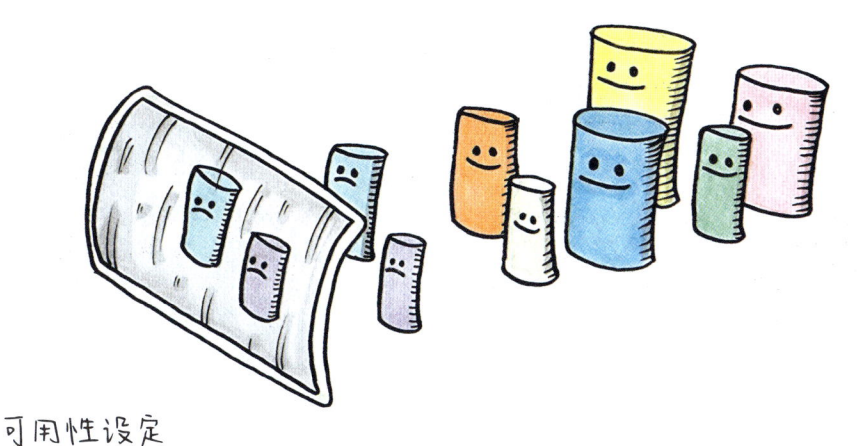

这一设定会让你过度看重摆在眼前的事物,忽视其他东西。如果你在一个矿业小镇长大,却对音乐剧怀有满腔热情,也许就能体会到可用性设定的作用。通过唱歌、跳舞来赚钱的想法是行不通的。就算你已经长大成人,知道有些人是全职在百老汇演出的,你的可用性设定也不会允许这些信息客观地进入你的大脑。它不会让你承认"这样生活也是有可能的",而是会说"这种生活只适合其他人,不适合你"。

禀赋效应设定

禀赋效应设定让我们很难真正理解各种事物的价值。它会让你觉得自己已经拥有的东西比自己没有的东西更有价值。如果你曾经卖掉心爱的旧车,那一定很熟悉下面的心路历程。没错,它已经用了20年,跑了40万千米。但是看看!它多有型啊!你把它放到二手网站上,标价1万美元。你觉得这个价格已经很划算了,但奇怪的是,每个买家都只愿意出1 000美元。当对失去已有东西的恐惧阻止了你去获得更大的潜在收益时,这个设定就变成了一种麻烦。

乐观主义设定

乐观主义设定让挡风玻璃只朝向某件事可能产生的积极结果，于是我们就会高估积极结果出现的可能性。这有好处，比如，让我们快乐、积极、坚韧。但也有坏处，比如，我们可能会坚信穿着紫色夹克的智能电子狗大有市场，于是不惜把房产证都押在这种电子狗的生意上赌一把。

锚定设定

锚定设定会获取最先通过挡风玻璃的信息，并且以这些信息为基础来构建世界观。这个设定不合逻辑的点可能会在一家高档鸡尾酒吧里显露出来。你翻着菜单，看到鸡尾酒阿贝罗斯普利兹那虚高的价格，但你的锚定设定认为，这就是阿贝罗斯普利兹的常规定价。然后，你看到一块牌子，上面写着"周二买一赠一"，另一块牌子上则标着今天的日期——周二。突然之间，阿贝罗斯普利兹显得好便宜啊！考虑到这种鸡尾酒的原价，即使打5折也依然很贵，但你那古怪的挡风玻璃却说，你捡到便宜啦！当无论有多少反面证据，我们都无法放弃自己毫无根据的第一印象时，锚定设定就会造成混乱。

第 8 章 古怪的挡风玻璃

保持现状设定

这个设定支持着这样一种信念：只要东西还没坏，就用不着修补。在这个设定下通过古怪的挡风玻璃进入你视野的世界已经被改造，成了一个看上去不需要改变的世界。这个设定能够保护你的安全，但也会阻碍合理的尝试和对创意的追求。你的船屋没有探索大海，而是和大多数人的船屋保持了一致。如果太多的人被困在了保持现状设定里，那么全世界的社会、科技和文化发展都会遇到阻碍。挡风玻璃也许只是有些古怪，但它们也有可能扭曲认知，令人们做出囚禁伽利略、对百视达（Blockbuster）的商业模式不管不问等举动，仅仅因为历来如此。

附在古怪的挡风玻璃上的设定不胜枚举。有的设定让我们在犯傻的时候反而觉得自己很聪明，有的设定让我们误以为大家都在注意我们，甚至还有设定会让我们彻底否认挡风玻璃设定的存在！这些通过挡风玻璃传入的信息引导着我们把船屋驶向了自己并不满意的方向，或是可能伤害到自己的方向，有时甚至让我们迷失方向。

这些挡风玻璃的设定就是我们的认知偏差，它们让我们无法看到这个世界真实的样子。我们的大脑倾向于优先关注负面信息、符合自身世界观的信息和不会破坏现状的信息。我们只有认识到这一点，才有可能超越这种限制。

套用威廉·布莱克（William Blake）的一句名言，如果感官的挡风玻璃被擦得一尘不染，人们将看清万物的原貌，无穷无尽。也许我们永远无法看清客观现实的无尽美丽，但还是要努力尝试，因为这会让我们更加接近头脑清晰这一目标。

这样的尝试要从认识到挡风玻璃的设定开始。只有了解了这些设定，我们才更不容易陷入它们的圈套。

第 8 章　古怪的挡风玻璃

就像住在郊外、周日手持橡皮刮水器的老爹一样，我们也可以把挡风玻璃擦干净。

　　我们可以努力让周围的世界与自己在内心建构的世界相匹配。一旦意识到外部信息在进入船屋时是如何被扭曲的，我们就可以开始搭建一个关于这片大海的更真实的模型。这样做是为了让自己明白，潮起潮落只是一种我们必须接受的自然现象而已，并没有针对任何人。

写日志来记录偏差
关注你的观点

仔细思考一个你深信不疑的、主观或未经证实的观点。你可以随便选择，深入剖析自己对地球、家人、朋友、宗教、政治、性、死亡、金钱、文化，甚至对你自己的感受。如果你不喜欢冒险，也可以从不太重要的事情开始，比如你的兴趣爱好，或者你的邻居总是把摩托车停在汽车停车位上这件事，等等。

我们不可能在一夜之间瓦解所有的认知偏差，但认识到它们的存在是一件好事。这种认识会带领我们踏上一段非判断性的观察之旅，让我们受益终生。下面这些问题可以帮助你开启这段旅程：

1. 如果你错了，真相可能是什么样的？
2. 如果你错了，那意味着什么？
3. 认知偏差对这种观点的形成起到了怎样的作用？
4. 如果你没有认知偏差，可能会怎么看？
5. 你认为哪一种观点更接近事实？
6. 这些不同的信念能够对你起到怎样的作用？

以上方法的作用：让我们在看待世界时超越认知偏差和认知扭曲。

第8章　古怪的挡风玻璃

随着你的认知偏差受到质疑,你那古怪的挡风玻璃可能开始变得清晰一些了。你能大概看清自己的航向,也差不多掌握了掌舵的窍门。事实上,你可能已经开始融会贯通,搞清楚整艘船屋是怎么运作的了。也许缠人精尼娜是通过挡风玻璃的负面设定获取信息的,而雄心勃勃的阿齐兹看到了过度的乐观主义设定下的信息。也许那些爱闹别扭的袜子布偶其实只是在重复我们从不速之客那里学到的内化经验。也许五大老板中的好几位遭到了忽视,所以杂物才会再次堆积起来。

随着事情的发展,你也许会发现,这艘船屋正变成一个让你喜欢的地方。这里的内部空间已经从吓人的公路汽车旅馆变成了温馨的民宿。但是,如果你想让自己的船屋变成一个真正的家,还必须驯服那些在甲板下面发出怪声的东西……

第 9 章
WELCOME TO THE ZOO!
欢迎来到动物园

第 9 章　欢迎来到动物园

在这艘船屋里的众多声音背后，还隐藏着一种不祥的怪声。就像狂欢的客人想要重新回到因为乱逛而走出的派对会场一样，我们的任务就是向着噪声走。

这种声音来自一扇活板门。那是一个隐藏的入口，通往甲板下方一片广阔、黑暗的储物区，深藏在海平面下。

问题来了：下面会有什么呢？这片区域到底有多大呢？那位客人真的找到狂欢的会场了吗？

你打开活板门，走下尘封多年、吱吱作响的楼梯。下面连个窗户都没有，显得非常诡异。每向下一步，噪声就变得越大。你有一种感觉，自己不应该走下这段楼梯，但你还是继续向前。

你走到楼梯底部，找到一个生锈的电灯开关。艰难地按下开关后，你发现这个地方非常大，比从外面看起来要大得多。

这里是座非常大、非常混乱的船屋动物园，所有动物都表现得很奇怪。

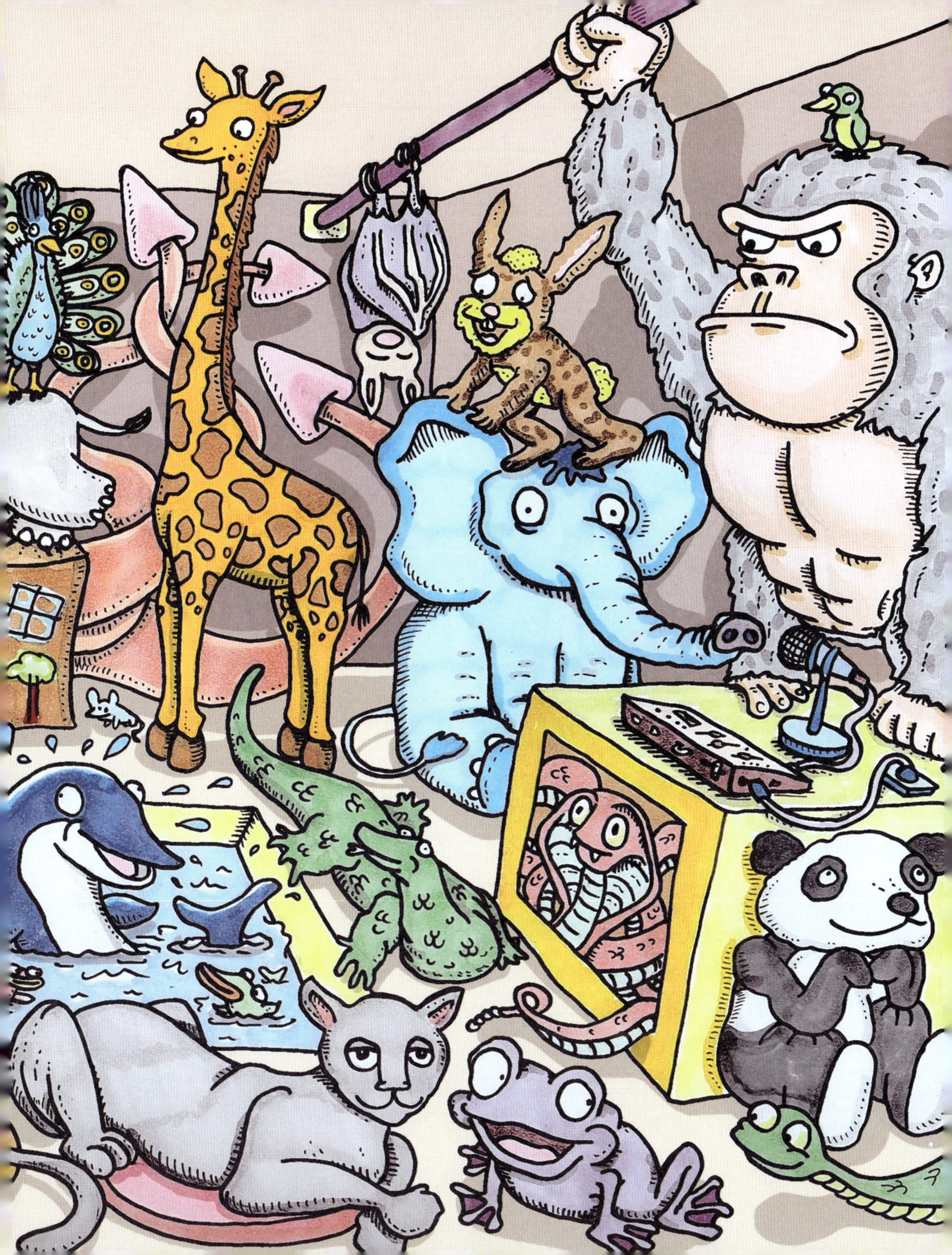

你的大脑是一艘船屋

在这次动物园之旅中，你首先看到的是**控制台小狗**，它整天都在鼓捣按钮。这些按钮连接着从发动机到舵轮之间的所有东西。小狗在这些看起来非常昂贵的设备上打着滚儿，于是你看到了指示灯忽明忽暗、按钮被疯狂地一一按下的场景。这些仪表盘和开关控制着神经脉冲、身体功能、抽搐、瘙痒等。

这只可爱的小狗非常卖力地打着滚儿，轻易就把你的注意力从五大老板和那些爱闹别扭的袜子布偶那里吸引过来了，很具有讽刺意味吧？你情不自禁地觉得，要操作这么关键的控制台，它恐怕不够资格。

接下来，你看到了一头尖叫大象。它显得紧张不安，正警觉地坐在广播台前。它的工作是通过广播，不断向船屋上的其他地方提示潜在的威胁。紧急状况一个接一个，在《战斗或逃跑24小时直播》这个广播节目中，连一条插播广告都没有。

像很多广播节目主持人一样，尖叫大象并不是单打独斗。有两位制片人会在一边指导，帮助它把这个令人深感不安的谈话节目进行下去。

第一位制片人是惊慌兔子。一旦有任何风吹草动，它就想让听众（你）赶快逃跑，并把颤抖的身体藏进最狭小的空间里去。

第二位制片人是一头如狱中恶棍般强悍的使用类固醇的大猩猩。在受到刺激时，它总会告诉听众要奋起挥拳，并像打了兴奋剂的铁笼斗士那样至死方休。

不用说，尖叫大象很难决定应该把谁的说法广播出去。

还有贝斯手鲈鱼，一高兴就会演奏20世纪70年代的靡靡之音。在你进入青春期时，它学会了弹贝斯，从此以后再也没有停下来。它的音乐可以帮到你，让你听从直觉的引导，理解自己的性取向，但也可能给你造成困扰。它就像一个待在吉他商店里的破产音乐家一样，你越忽视它，它弹得就越响。

然后还有心情按钮大猫组合。它们都坐在按钮上，直到事情如它们所愿。

饥饿狮子坐在一个大大的心情按钮上，不吃饱绝对不下来。坐在这个按钮上的它变成了一个蹒跚学步的孩子，而且绝不是那种可爱的"在咖啡馆里穿着同款服装的双胞胎乖宝宝"。它变成了一个喜怒无常的孩子，类似于"赖在超市的地板上不起来，父母只得环顾四周，极力解释说这孩子平时不这样，其实内心早已崩溃"的那种孩子。然而，饥饿狮子一旦吃饱了，就会跳下按钮，变成一个快乐的露营者！你自己想象吧。

如果睡眠不足，疲惫美洲狮就会坐在属于自己的按钮上。

如果没有锻炼，健身女王猎豹就会坐在属于自己的按钮上。

除此之外，还有口渴老虎、温度调节金钱豹和冷静黑豹，它们全都坐在各自的按钮上。

拾荒松鼠会将你所有的记忆收集在一起，然后由工匠大王鱿把它们编译成一段看似合理的叙述，一个以你自己为核心的故事。

接下来，大学生渡鸦会做起大学生最拿手的事——复制、粘贴一些东西，但又让人看不出抄袭的痕迹。大学生渡鸦会咀嚼你的核心记忆，然后不断反刍，直到它们不再像记忆，而是成了你大脑的一部分。

第 9 章 欢迎来到动物园

还有证人保护计划公牛，它已经知道得太多。这头公牛紧紧抓住你的创伤和最令你难过的想法，然后在动物园里横冲直撞，把一切都砸烂。如果你有不可告人的丑事，那么这头公牛绝对会 24 小时不间断地折腾。

证人保护计划公牛的经典动作包括：把控制台小狗推到各种不同的按钮上；狠踢工匠大王鱿的脸，搅乱你的核心记忆；砸烂尖叫大象的麦克风。

有时候，证人保护计划公牛还会更激进，比如，让饥饿狮子饿着肚子，但又无法坐到自己的按钮上去索要食物，或是彻底破坏贝斯手鲈鱼的"引诱贝斯"。

当你看到这群非常活跃的
动物时,你意识到了一件可
怕的事。

最初你以为自己掌控着这艘船
屋,但后来你发现,真正执掌大
权的也许是五大老板或者爱闹
别扭的袜子布偶。

而现在你明白了,真正负责
整艘船屋运行的,其实是
一群动物!

> 但你是个文明人啊！怎么会这样呢？

这些动物代表着你的生理机能和潜意识，它们掌握的权力远比我们想象的更大。

实际上，这座动物园才是整艘船屋的根基。你可以尝试驯服那些兽性的冲动，但动物只能被驯服到一定程度。你没法让贝斯手鲈鱼平息自己的性欲，也没法让使用类固醇的大猩猩像一头普通的黑猩猩那样行动。你的任务是发现它们的本质——动物。

就像你会期望一只小狗表现得像小狗一样，你必须期望自己的生理机能表现得像生理机能。

在这座动物园里，没有什么是可以修复或改变的。你只能冷眼旁观，然后带着爱意接纳这一切。说到底，它们只是动物。

生物学日志
动物园一日游

确保自己现在不累、不渴，也不饿。在开始这项练习之前，你必须首先满足自己的生理需求。这样我们才不会将饥饿误认为焦虑，或是将困倦误认为缺乏激情。

回想你最近一次感觉自己动物的一面占上风的时候，用一两句话描述当时的情形。回想那些原始的情绪。也许你遭遇了堵车，于是长按了60秒的喇叭，还骂出了你能够想到的一切脏话。也许你刚听了新闻，以为世界末日就要到来了。也许你只是饿了。谁知道呢？

不要评判自己，而是要把自己的反应重新解释成一种人类特有的怪癖。把你在上一个步骤中写下的句子改动一下，把自己的反应改写成所有人都会出现的反应，并加上一句"我喜欢这样"。例如，不要说"老板让我周末加班的时候，我真的很不爽"，将其改成"人们被老板要求周末加班的时候，真的会很不爽……我喜欢这样"。

第一，这有助于消除你因为自己的反应而可能产生的羞耻、内疚、困惑，这些反应是人类的普遍特征，并非只有你一个人会有这样的感觉！

第二，你的大脑天生就是用来解决问题的，它会开始尝试解释你为什么喜欢这样。在周末加班这个例子中，你之所以喜欢这样，也许是因为你能由此认识到私人时间的价值。

以上方法的作用：让你接受一个事实——我们并非完美的造物，有着生物性的特征、机能和怪癖，而且我们可以学会去爱上这一切。

我们要做的并不是调整自己的潜意识或生理行为，而是改变我们对这些行为的有意识反应。没错，要想在社会中生存，某些生物性反应显然是需要被压制的，但我们还是应该用善意和好奇的心态来面对自己的内在机能。与其努力把战斗或逃跑反应塞进盒子里藏起来，还不如试着不要批评自己产生的这些反应。与其陷入脱离自然的感觉，还不如认识到自己本来就是自然的造物。

现在，似乎到该喘口气的时候了。

伴随着每一次新发现，你都会了解到一种影响船屋的新力量。杂物拖着我们下沉，不速之客把我们留在过去，大海让我们意识到要靠自己来掌舵。五大老板各有需求，爱闹别扭的袜子布偶冷嘲热讽，古怪的挡风玻璃则解释了个中原因。在明白所有这一切之后，你才了解到整场节目基本上是由一群动物主导的。

到了这时，你就会注意到一个盒子。

在动物园的正后方，有一个硬纸板做的盒子，盒子上有一扇小门。你都已经走这么远了，当然不会就此止步。于是你径直上前，打开了那扇小门，发现了一个你以为再也不会见到的人。

第 10 章
KID YOU AND THE PHONE

孩子版的
你和电话

第 10 章 孩子版的你和电话

在那扇小门的另一边，出现在那个硬纸盒子里的人就是你。只不过那是一个孩子版的你。这还不是最奇怪的。

孩子版的你坐在一个吵闹的房间里，这儿堆满了古怪的玩具和蜡笔画。但最奇怪的是，放在这些东西前面的那堆杂乱无章的电话线。那是一串用绳子和纸杯做成的电话，它们似乎都被连接在一台老电视上，电视的旁边还有一台早已过时的录像机。

你当然想知道这是怎么回事，于是开口发问。

没人应答。

你又问了一遍，但此时此刻，你跟前这个孩子的耳朵就像摆设。这让你回想起当年你打电话向朋友道歉，说你其实很欣赏他那大胆的新发型，并不是真的想嘲笑他，只是那个烫发实在让你忍不住想笑。你真心实意地道歉了 5 分钟，却发现自己的电话被设成了静音模式……电话！你突然明白了！

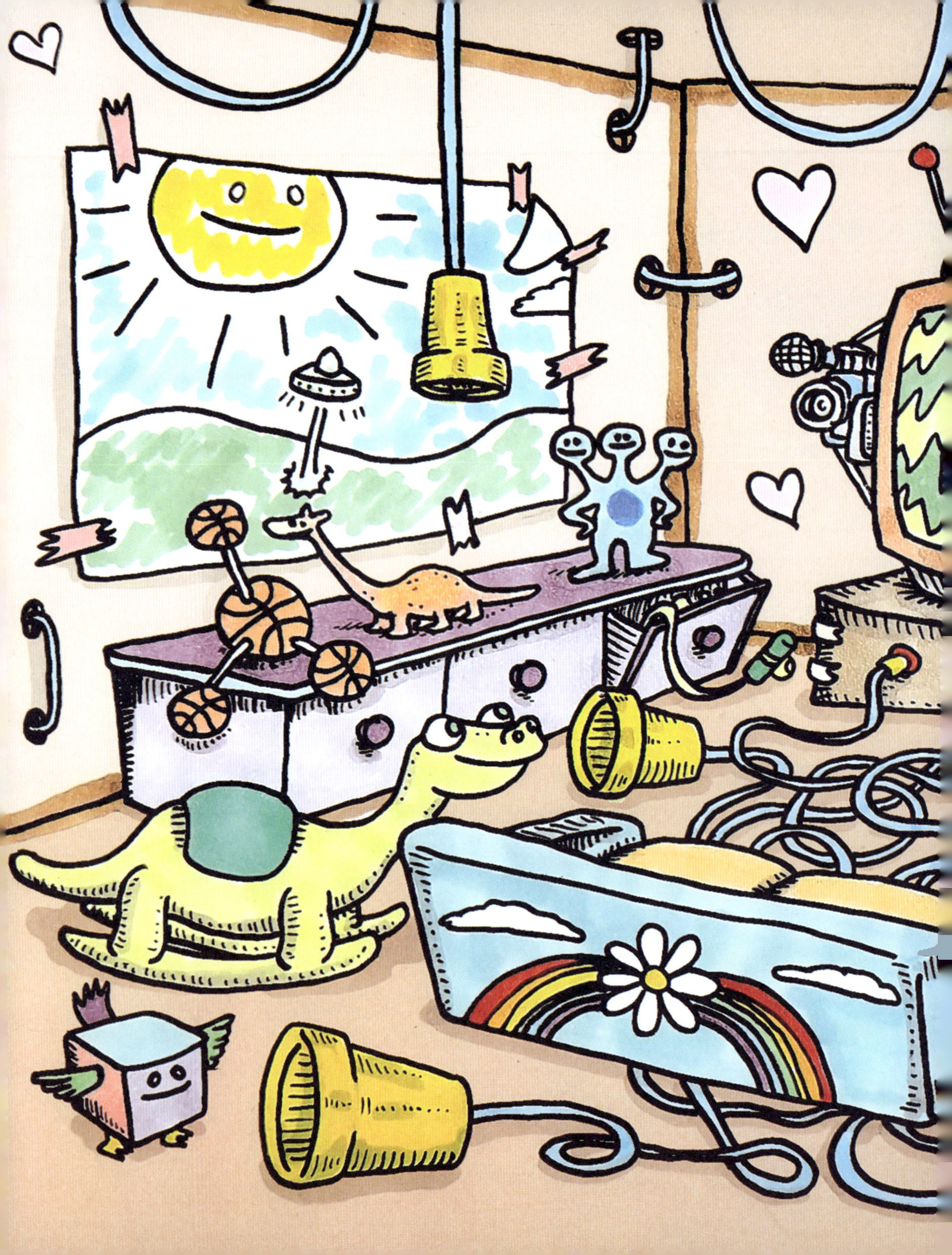

你拿起连在电话一端的纸杯:"喂?"

孩子版的你拿起另一端的纸杯,说:"喂。"

"所以,这部电话还能用。"你说道,并为自己的侦探技能深感自豪。

孩子版的你平静地回答:"傻瓜,它可不只是能用而已。有了这部电话,我想跟谁讲话都可以。"

"谁都可以?"你用成年人特有的怀疑语气问道。

"谁都可以。"这个孩子回答。

"也就是说,你现在就可以打电话给碧昂丝?"

"看好了。"孩子版的你按下了一连串按钮。就在前一秒,你还以为那些按钮只是用蜡笔画在麦片盒子上的涂鸦。

老电视的屏幕上出现了一幅小女孩的画面。

"就是她了。"孩子说,"我们不能和她对话,因为我们和她不认识,但我们可以看到她。"

"这根本不是碧昂丝。"你再次用那种讨厌的成年人语气说,"这只是个小孩子。"

"我们都是小孩子。"孩子说。这句话深奥得就像《黑客帝国》系列(The Matrix)电影中,某个为了推动情节而特意编出来的配角的强行解说。"我会再打给一个认识的人,就选爸爸吧。"

孩子又在硬纸板上按了几个按钮,屏幕上的画面从小女孩变成了小男孩。你认出来了,他就是你爸爸在老照片上的样子。

"爸爸?"这引起了你的兴趣。

屏幕上的那个小男孩转过头，兴奋地看着你！他高兴地喊出了你的名字！

"你瞧！"孩子版的你带着好莱坞式的精明说道，"这是一个全部由孩子组成的网络，我们谁也见不到成年人。"

"所以，这就像2018年的抖音。"你带着开始喜欢这个系统的情绪说道。

"我不知道什么是抖音，但你很可能说对了。"孩子版的爸爸说。

"而且，"孩子版的你继续说道，"我们都是同样的孩子。"

等一下。"什么意思？"孩子版的爸爸反问。

"是真的。"孩子版的你语气突然变了，"其实我们都是一样的，只是出生在不同的船屋里。随着长大，我们渐渐忘记了这一点，只有内心深处的某个地方还记得。在那里，我们仍然可以看到彼此的内心，也仍然可以通过这些超棒的纸杯电话相互交谈，一起闲逛。"

这让你突然明白了，原来打从你记事起就始终存在的那种隐隐的分离感只不过是一种条件反射。你意识到，只有孩童般纯粹的联系才能让人在混乱的思维中真正喘上一口气。当我们通过不设防的自我进行交谈时，我们都卸下了各自的包袱，感到自己活在当下，既有趣又满足。

当然，要想让这种感觉真正在心底扎下根来，你需要多年的练习和治疗。但现在，认识到这一点就够了。

"那么你是怎么……"

"克服那种分离感的？"孩子版的你替你把想法说了出来，就像一只海鸥替你吃掉了薯条。

"对，就是那个。"你不好意思地说。

"你要和其他人联系起来！"孩子版的你用孩子的方式解释道，"有些人很好说话，他们的纸杯电话连得好好的，声音很清晰。但另一些人，他们的大脑被动物噪声和垃圾占满了，根本听不见电话铃声！如果他们不拿起纸杯话筒，我们就很难和他们联系上。"

"那么，要怎样建立更多的联系呢？"你问。

"你得跟自己练习。"孩子版的你指了指你手里的纸杯，又指了指自己的纸杯，"就像这样。"

为了真正与他人建立联系，我们必须先和自己联系。想要做到这一点，我们必须学会同情自己。但我们的大脑里充斥着太多喧嚣、杂乱和蔑视，所以，这可能会是一场苦战。

这部电话可以成为一条穿越混乱的直达通路，但我们很少会这样使用它。相反，我们冒险穿过自己的船屋，试图与自己对话，结果却被讨厌的不速之客、遭到忽视的五大老板和爱闹别扭的袜子布偶中途打断，还采纳了他们的观点。当我们终于开始和自己对话时，才发现已经根本没什么好说的了！

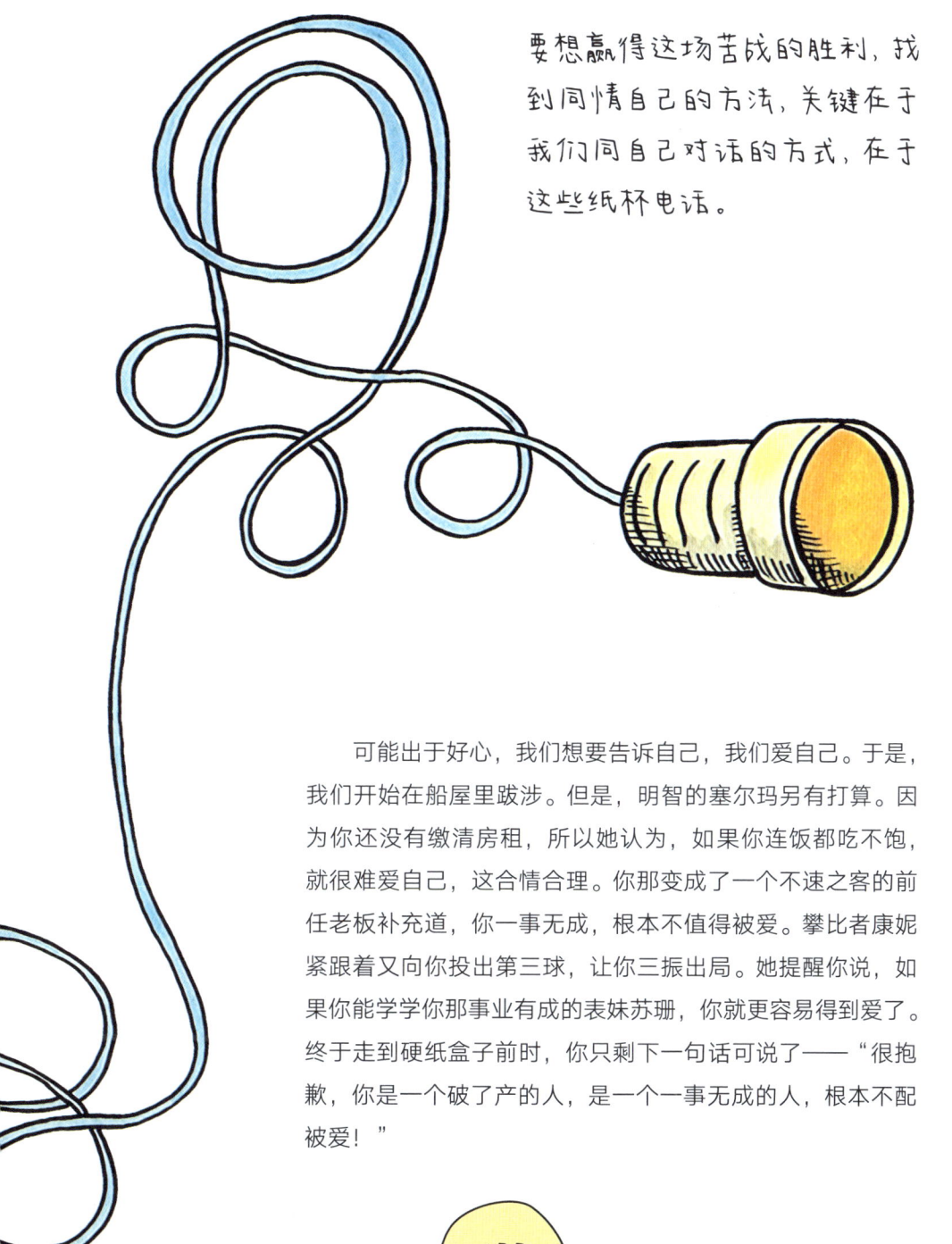

第 10 章　孩子版的你和电话

要想赢得这场苦战的胜利，找到同情自己的方法，关键在于我们同自己对话的方式，在于这些纸杯电话。

可能出于好心，我们想要告诉自己，我们爱自己。于是，我们开始在船屋里跋涉。但是，明智的塞尔玛另有打算。因为你还没有缴清房租，所以她认为，如果你连饭都吃不饱，就很难爱自己，这合情合理。你那变成了一个不速之客的前任老板补充道，你一事无成，根本不值得被爱。攀比者康妮紧跟着又向你投出第三球，让你三振出局。她提醒你说，如果你能学学你那事业有成的表妹苏珊，你就更容易得到爱了。终于走到硬纸盒子前时，你只剩下一句话可说了——"很抱歉，你是一个破了产的人，是一个一事无成的人，根本不配被爱！"

你的大脑是一艘船屋

这种内心对话被称为"自我对话",它会直接影响到你的生活质量,无论你实际的外在生活质量怎样。

也许从客观上来讲，你的人生非常精彩，但如果没有自我对话，你恐怕永远也不能真正地感受到这一点。也许你已经实现了童年梦想——登上了珠穆朗玛峰，但如果你的自我对话是消极的，你就会说："我是爬上去了，但我原本可以更快的。"反过来，如果你有着积极的自我对话，就算在碰碰车事故中失去了一只手臂，你也会想："我真幸运，毕竟我的头还在！"

多年来，我们总是对自己念叨着一些小事儿，比如，"除了我以外，每个人都过上了自己想要的生活"。渐渐地，我们不再去质疑这样的想法到底有多荒谬。但你和自己对话的方式并不是固定不变的出厂设置，它是可以加工和改进的，并最终让你的船屋变成一个绝对令人满意的住所。如果我们能认识到消极的自我对话是多么不合适，就可以用更好的东西来取代它。

消极的思维模式往往是下意识的，有时候甚至是自动运行的，只有在受到质疑后才会改变。通过有意识的、形象的思考，我们可以打破它们，建立起新的自动运行模式，对成人版的自己抱以同情，就像对孩子版的自己一样。

当我们学习善待自己时，最好可以记住，我们并不是大海上唯一的船屋，与其他船屋的联系会让航行变得更有意义。这种自爱还会为其他人带来附加的顺势效应。如果我们能像对待孩子一样对自己保持同情，那么用同样的态度对待周围的人自然也不难。

也许你有一个心怀好意但非常失败的朋友，在你的婚礼上喝得酩酊大醉，扯着五音不全的嗓子高唱了一曲野人花园（Savage Garden）乐队的《深深痴迷》（*Truly Madly Deeply*），把好好的婚礼变成了车祸现场。你既震惊又愤怒，质问朋友他打的是什么鬼主意。但如果你是在问孩子版的他呢？那个孩子版的朋友会怎么说？你可能就会发现，你朋友之所以这样，只是因为他爱你，希望用一曲高歌的方式来给这个特别的时刻锦上添花。

这样一来，我们就不会再对那个音痴朋友生气了，反而能意识到自己收获了多少爱。

我们可以让那部纸杯电话成为一条永不间断的积极联系线路，绕过你船屋中的混乱和骚动，让你能够直接和孩子版的你、和孩子版的其他人对话。

写日志来关爱自己
先刻薄

要建立真正的自我同情，首先你要足够刻薄。另外，你还需要找一张孩子版的个人照——一张你儿童时代的真实照片，最好是那种笑得很灿烂，而且看起来特别可爱的照片。

接下来，回想你上一次对自己进行消极评价时的情景。那也许是一个强加给自己的限制，比如，"我永远也不可能拥有能穿露脐装的身材"；又或许是一种合理但不健康的否认，比如，"我能衣食无忧、无病无灾，生活中也没什么可担心的事，所以我不应该觉得难过"；或者你当时直击要害，接入了那个动摇你核心的想法，它听上去有点类似于"我是个扫把星，跟我沾边儿的东西都会完蛋"。把这些话都写下来。

然后，把你对自己说的所有这些消极的话都告诉照片里的那个孩子。

这很可能会让你感觉非常糟糕。想象一下，你要告诉一个总是笑嘻嘻的6岁小孩，他不应该感到难过，因为其他人比他更惨，或者告诉他放弃梦想吧，因为市场里已经没有他的位置了。

把消极的自我对话和自己童年时的笑脸放在一起，你就会明白，这些消极信念到底有多差劲了。如果你不想对童年时代的自己说这些话，那为什么要对成年后的自己这么说呢？

写日志来关爱自己
再友好

让我们重温你出现消极自我对话的那一刻。也许你画了一幅画,然后想:"这真是人类有史以来最烂的画了。"

想象一下,那个孩子版的你画了一幅相同的画。你会对他怎么说呢?但愿是一些更有鼓励性的话吧,比如:"真棒!继续加油吧!我很欣赏你的努力和创造力!我猜你受到了点彩派画家的启发,对吗?"把这些积极的句子写下来。

下一次出现消极的自我对话时,你要意识到自己在做什么,然后用更友好的句子替换原本的评价。更友好的句子,就是那些你会开心地通过纸杯电话告诉照片上童年时代的那个可爱的自己的句子。

以上方法的作用:你会像对待孩子一样,给予自己非判断性的爱。

第 10 章　孩子版的你和电话

在你为船屋创造了更多和平之后，就会发现船屋各部分间的联系多如牛毛，连领英（LinkedIn）上的"数字化战略忍者"也要甘拜下风。也许你之所以觉得自己画画很糟糕，是因为一个不速之客曾经对你说过类似的话，之后那些话就变成了你的自我对话。也许你为了把自己的注意力从对绘画的批评中转移出来，而把更多杂物带上了船。也许五大老板对这个批评的反应就是让你赶紧远离艺术！

当你找到这些事之间的联系后，请重新打开日志，或者打开手机，或者拿起你在沙滩上写字用的棍子，把你的发现记录下来。这有助于把你的行为同各种各样的根源联系起来，让你既能克服症状，又能消除病因，为长期保持头脑清晰扫清障碍。

现在，你对自己和他人的爱都增加了，你最后看了一眼孩子版的你。这似乎很适合作为这次疯狂船屋之旅的最终发现。你越常拿起电话和孩子版的你对话，那些爱闹别扭的袜子布偶就越能感受到爱，古怪的挡风玻璃就越清晰，不速之客们就越显得无关紧要。虽然孩子版的你并不是整场演出的主持人，但如果没有了同情，这场演出也不值得举办了。

船屋中的一切终于都联系起来了，我们经历了一次完整的探险，看清了一切的真相——所有的东西，包括那些纸杯电话，全都属于你。

这一次，你终于放弃了那种阴阳怪气的成年人语气，以一个平等的朋友的身份，向孩子版的你道谢。

现在，你该回到甲板上去了。

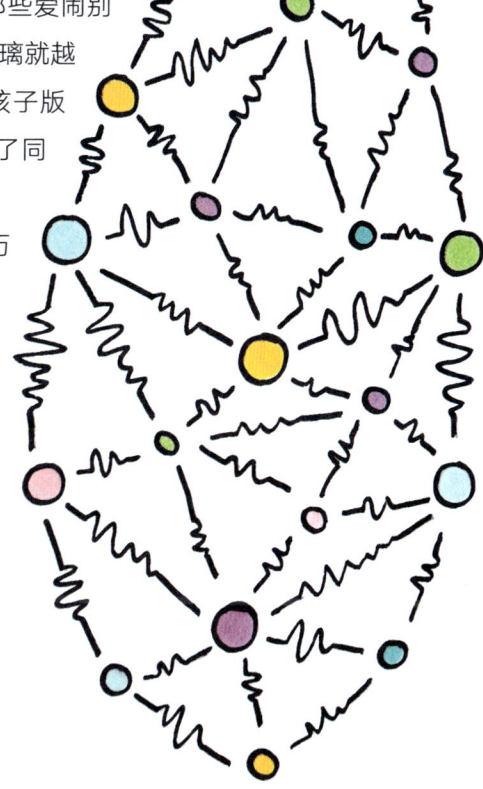

结语

SETTING SAIL

扬帆起航

结语　扬帆起航

这可能是你这辈子与船有关的旅行中最"烧脑"的一次经历了。现在,你重新爬上了甲板。你探索归来后看到的这艘船,很有可能已经不是你开始探索时的样子了。

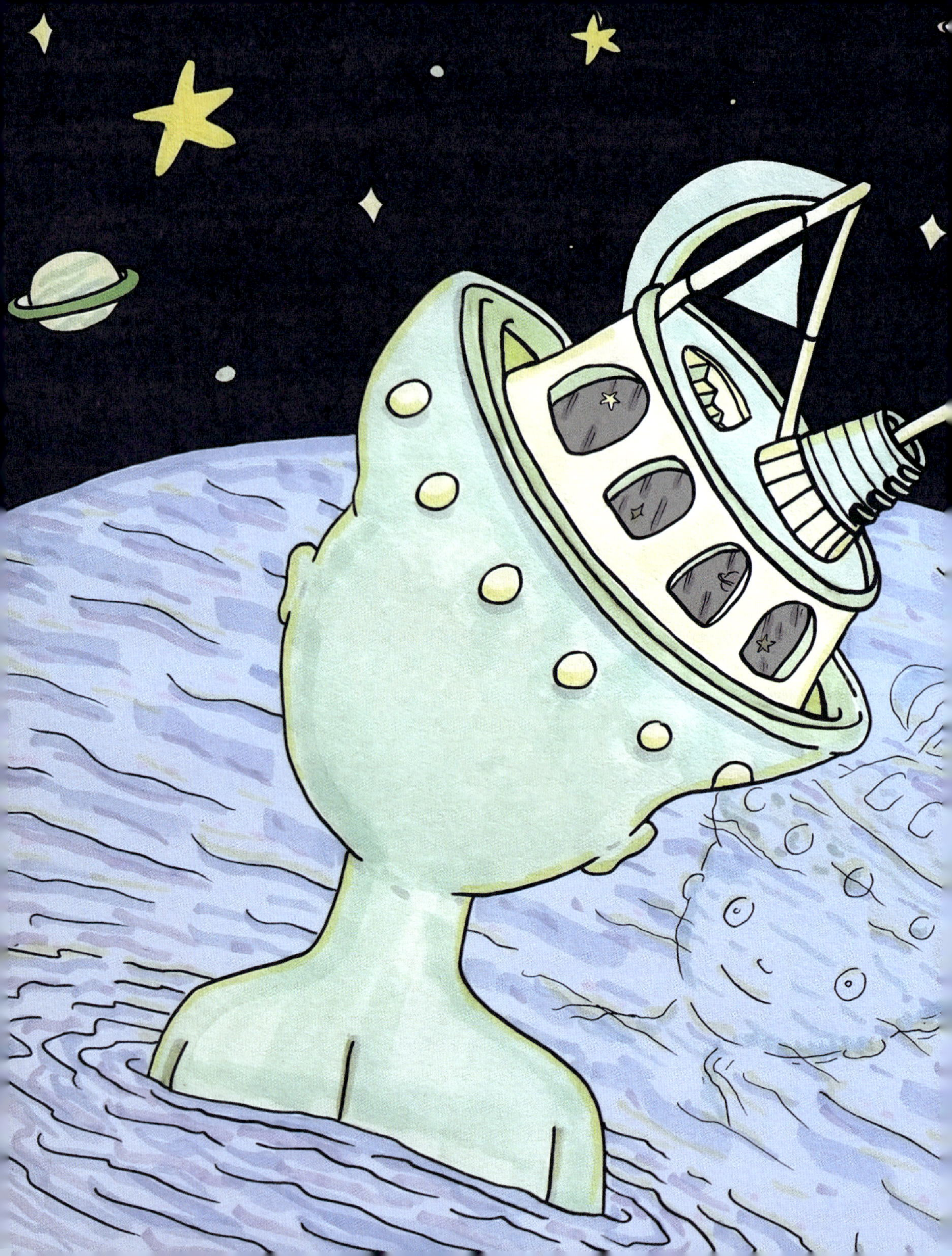

现在，四处堆积的垃圾和咄咄逼人的声音都变少了，穿越这片大海似乎显得容易一点儿了。你终于知道是什么东西在发出那种奇怪的声音。这就好像你第一次掌握了开瓶器的用法，像你终于吃到了美食家朋友在过去 10 年里一直对你念叨的自制鹰嘴豆泥，你突然理解了他为什么会对它那么推崇。你经历了一小片刻的清晰。

很遗憾，这一刻并不能持久。

但它也不会就此消失。

在人生之海的航行中，你的任务就是不时地停下来，收集这些清晰的时刻。在这样的时刻里，时间变慢了，你可以清楚地看到整个系统的真实面貌——一次罕见、美丽的冒险。在这样的时刻里，窗户打开了！你不再是一只在窗边嗡嗡叫着、不停乱撞的无头苍蝇。至少在这一刻，你自由了。

当你站在甲板上眺望大海时，你的眼睛会逐渐适应光线，然后你会开始怀疑真的有东西改变了吗。你可能会问："一次深入船屋的远足，真的能带来持久的影响吗？"

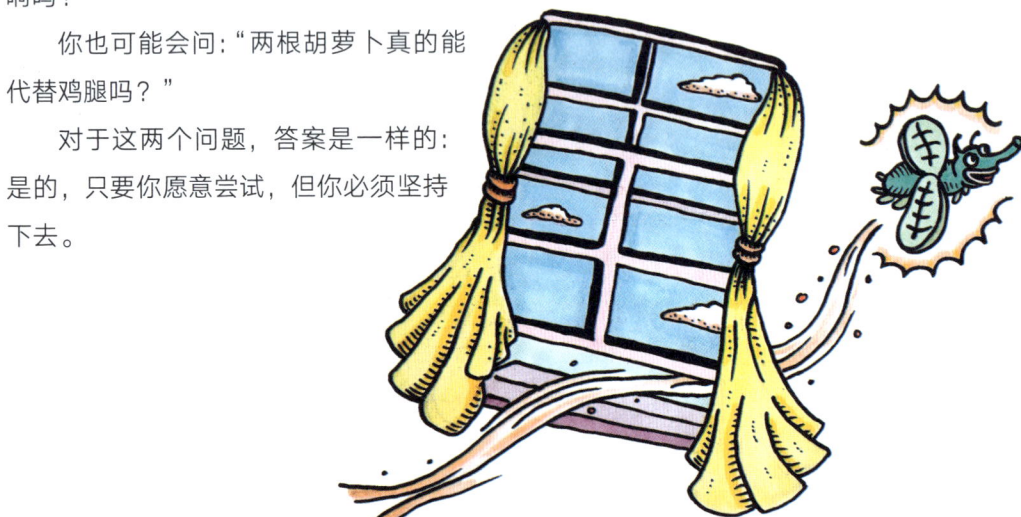

你也可能会问："两根胡萝卜真的能代替鸡腿吗？"

对于这两个问题，答案是一样的：是的，只要你愿意尝试，但你必须坚持下去。

结语　扬帆起航

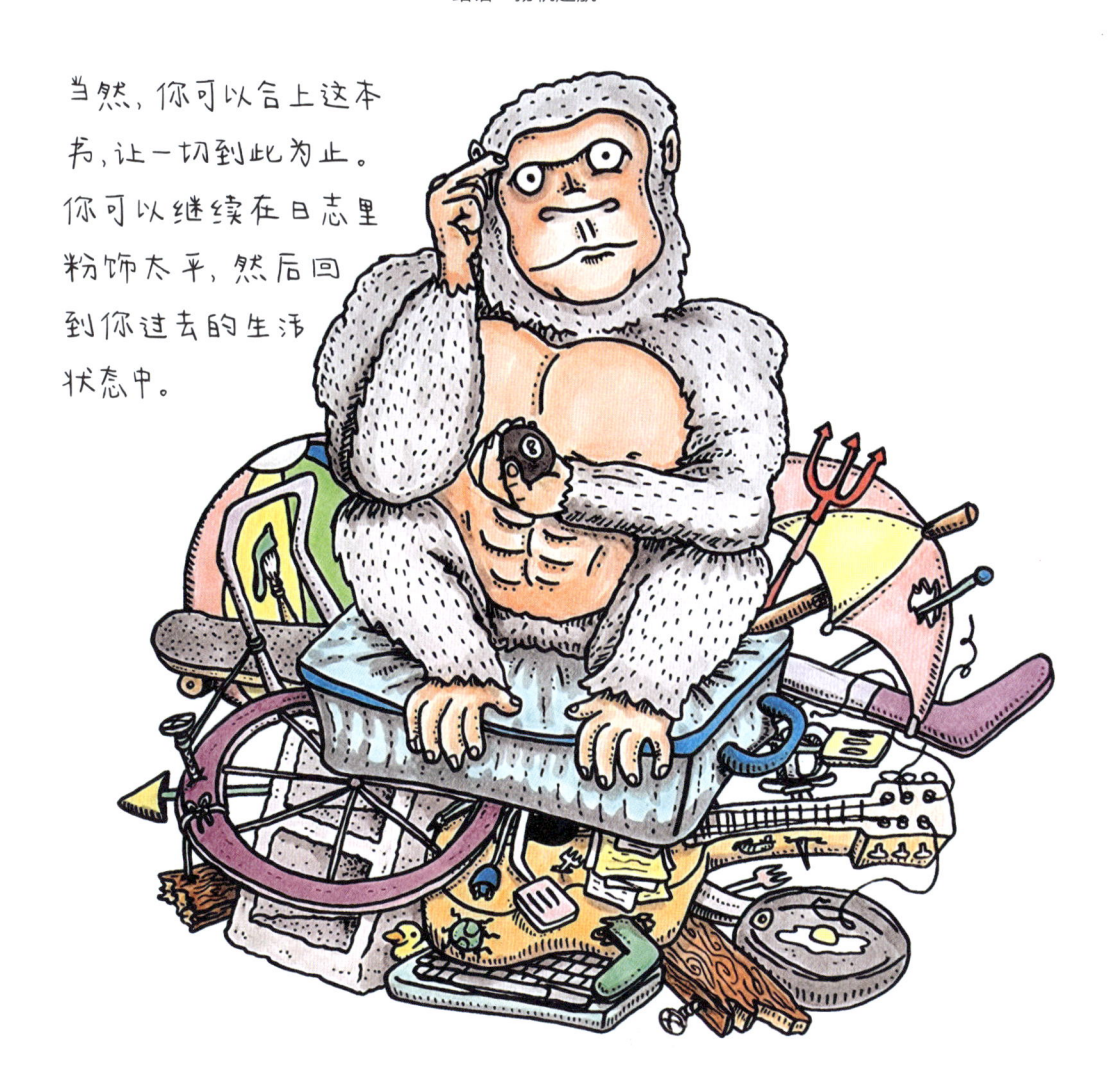

当然，你可以合上这本书，让一切到此为止。你可以继续在日志里粉饰太平，然后回到你过去的生活状态中。

你可以任凭爱闹别扭的袜子布偶继续对你指指点点，任凭不速之客们尽数回归，任凭五大老板吓得你动弹不得。你可以眼看着杂物堆积如山却无动于衷。你可以接受自己停在大海中的任何地方，也不去关心自己通过古怪的挡风玻璃能看到或不能看到什么。你也可以让动物园里的动物们告诉你，它们并不是动物。你可以任凭孩子版的你远去，甚至不愿偶尔给他一个拥抱。

> 又或者你可以经常对你的船屋进行维护、保养。

清理掉船身上的藤壶，擦拭甲板，补充厨房里的巧克力牛奶供应，这些都是维护船屋的必要内容。清洁工作并不是一次性行为，探索和解读你的大脑也一样。

本书就到此为止了，但你的旅程并没有结束。你需要定期温习书中的日志练习，再增加一些个性化的内容。你需要继续把你的思维倾倒在纸上，回答那些很难回答的内省问题。不断对你的大脑进行非判断性的探索是一项挑战，但它的回报也会异常丰厚。

结语　扬帆起航

这次探索之旅有三个目的:

01. 认识到我们都会在自己的船屋中度过余生。

02. 了解船屋的各种功能,揭开它的神秘面纱。

03. 尽可能把船屋变成一个适宜居住的好地方。

1. 一个能够坐下来思考的地方

　　以前，这里堆满了杂物。现在，我们已经知道了该如何清理这个地方，好让它免受源源不断的日常思维的困扰。把那些思维挪到其他地方去，我们的大脑就能从过量的噪声中解放出来。

2. 只属于自己的房间

　　这个房间曾经是不速之客的居所，他们代表着被我们内化了的他人观点。经过一番对他们的调查，他们施加在我们身上的影响力降低了。

3. 河流

　　河流代表着我们无法选择的童年。这是一段指定的、通往大海的航程，我们会在旅途中被逐渐塑造为成年人。

4. 大海

大海代表着成年阶段，这时我们可以做出选择，并且能自主决定自己的生活。虽然在大海上航行要比在河流中艰难得多，但它也提供了无限的选择。

5. 五大老板

他们就是我们的欲望和需求，每一位老板都代表着一个不同的动机。五大老板的欲望很少能同时得到满足，但我们越能倾听每位老板的声音，就越容易让他们彼此妥协。

6. 爱闹别扭的袜子布偶

他们代表着我们内心对自己的批评。一旦了解了自己的不安全感，我们就会知道，这些布偶往往只是让我们远离痛苦的保护机制。

7. 古怪的挡风玻璃

它代表着我们看待世界的方式。认知偏差会扭曲我们接收到的信息，但我们越认识到这一点，它对我们的影响就越小。

8. 动物园

动物园代表着我们的潜意识和生理机制。作为人类，这些东西很大程度上不受意识的控制，但我们可以学会承认和接纳它们。

9. 孩子版的你和电话

孩子版的你就是你内心中的孩子，是与生活中的种种混乱无关、藏在你内心深处的那个真实的你。爱这个孩子并与他联系，就是爱自己并与自己联系。

作为一个向导,我能做的只有这么多了。我可以指出所有船屋之间的相似点,但具体怎么操作你的船屋还是要靠你自己决定。我可以问一些问题,但如果你不愿意定期回答,那么我们就都只是缺了燧石的打火机——虽然充满潜力,但是擦不出半点儿火花。

身为船长,你想做什么都可以!你可以改变航向,驶向任意一个召唤着你的目的地。你可以把垃圾全部扔掉,可以告诉不速之客他们已经过气了。你可以向爱闹别扭的袜子布偶施与一点儿爱,可以选择听从五大老板中最贴近孩子版的你的那个老板的指令。在你的船屋变得干净、整洁后,你眼前的海平线会变得比健美运动员的肩膀还要宽广。

最好的情况是你现在已经踏上了一段真正了解自己、关爱自己的旅程。我希望在这段旅程中的某个地方,无论是在比喻的深处,还是在你的私人日志里,你都能为你神奇的船屋感到前所未有的高兴。

面对未来可能出现的暴风雨,未雨绸缪的方法有很多,但并不是所有的方法都能让你在大海上长远地航行下去。非判断性观察、内省和自爱是能够让你受用终生的方法。我希望在你探寻清晰头脑的旅程中,我的方法至少让你觉得是可行的。

老话说得好:"你可以把一匹马牵到水边,但你不能强迫它驾驶一艘海船。"作为这艘船屋的船长,你必须从这里接手了。

大海任你遨游。

结语　扬帆起航

致谢

首先，我要向我的未婚妻费莉西蒂（Felicity）致以史上最诚挚的感谢。如果没有你，我不可能写出这本书。你就像迈克尔·乔丹（Michael Jordan）一样，是一位充满爱并能给予支持的伙伴，不过你的头发更多，出演《空中大灌篮》（*Space Jam*）的次数更少。你是那么善良、耐心、善解人意，我疯狂地爱着你。

然后，我要感谢我的妈妈用创造力哺育了我，还容忍我的胡闹，还在我气冲冲地打电话时耐心倾听。感谢我姐姐贝丝（Beth）最早带我踏上自我发现之旅，如果没有你，我根本不知道该审视什么。感谢我的其他家人：安格斯（Angus）、爸爸和梅兹拉尼斯（Mezranis）一家、杰夫（Geoff）、肖恩（Sean）、谢丽（Cherrie）、鲁比（Ruby）、奥利（Ollie）、米莉（Millie）、迈克（Mike）、哈丽雅特（Harriet）、埃琳（Erin）、卡梅伦（Cameron）、比尔索（Billzo）和玛乔丽（Marjorie）。我爱你们。感谢我出色的朋友们：米奇（Mitchy）、梅尔（Mel）、阿伦（Aaron）、本尼（Benny）、凯蒂（Katie）、扎克（Zac）、海利（Hayley）、埃里克（Eric）、菲（Fi）、布赖斯（Bryce）、亚斯明（Yasmin）、阿维（Avie）、卡特（Cat）、埃玛（Emma）、盖泰希（Gatesy）、里克（Rik）、萨拉（Sarah）、丹蒂（Dante）、比安卡（Bianca）、基南（Kynan）、卡拉（Cara）、比利（Billy）、布雷（Bre），以及其他所有我没有提到的朋友。另外，我真的特别感谢芬巴尔（Finnbar）。

致谢

感谢莉莲·安亨坎（Lillian Anhenkan）、奥舍·冈斯伯格（Osher Günsberg）、卡桑德拉·邓恩（Cassandra Dunn）、亚当·布里格斯（Adam Briggs）、马尔多（Mardo）、乔治·萨阿德（George Saad）、纳特（Nat）和朱尔斯（Jules）、杰拉德·赖特（Jarrad Wright）、乔希·邓肯（Josh Duncan）、乔诺（Jono）、克雷格（Craig）、我的治疗师特蕾西（Tracy）、托马斯·米切尔（Thomas Mitchell），当然还有出色的埃米莉·哈特（Emily Hart），以及令人赞叹、富有耐心的克莱尔·哈里森（Claire Harrison）。感谢我工作的那块土地的传统业主。感谢我在斯特拉瑟利斯工作室的团队，你们真是一群了不起的人。

还要感谢我的五年级老师穆尔先生（Moore），是您开启了我这一生对文字的热爱。我总是设想着有一天我会写信给您，感谢您给我人生带来的影响，但我不知道怎样才能联系到您。写下这段话是我所能想到的最好办法了，所以我要在此谢谢您，非常感谢。也感谢所有读到这段话的老师，你们的影响永远比你们认为的要大得多，感谢你们所有人。

最后，感谢所有曾经在网络世界里对陌生人表达过善意的人，是你们让世界转了起来。

坎贝尔·沃克　插画家、动画师、内容创作者和作家，其网名"斯特拉瑟利斯"（Struthless）广为人知。在投身绘画事业之前，他做过各种各样的工作，包括打扫储藏室、文身，还（在非常古怪的一周里）在一次亚利桑那乡村音乐节上开过高尔夫球车。

你可以在坎贝尔的个人网站上找到更多关于他的信息，也可以观看他视频共享网站上的频道，他在频道里更深入地讲解了本书所探讨的主题。你也可以在 TicTok 等社交 App 上看到他的作品，或是收听他的播客《上帝已死》（*God is Dead*）。不进行创作的时候，他要么在和自己的两只狗玩耍，要么在拥抱那两只狗，要么在试图给那两只狗戴上帽子拍照。

未来，属于终身学习者

我们正在亲历前所未有的变革——互联网改变了信息传递的方式，指数级技术快速发展并颠覆商业世界，人工智能正在侵占越来越多的人类领地。

面对这些变化，我们需要问自己：未来需要什么样的人才？

答案是，成为终身学习者。终身学习意味着具备全面的知识结构、强大的逻辑思考能力和敏锐的感知力。这是一套能够在不断变化中随时重建、更新认知体系的能力。阅读，无疑是帮助我们整合这些能力的最佳途径。

在充满不确定性的时代，答案并不总是简单地出现在书本之中。"读万卷书"不仅要亲自阅读、广泛阅读，也需要我们深入探索好书的内部世界，让知识不再局限于书本之中。

湛庐阅读 App: 与最聪明的人共同进化

我们现在推出全新的湛庐阅读 App，它将成为您在书本之外，践行终身学习的场所。

- 不用考虑"读什么"。这里汇集了湛庐所有纸质书、电子书、有声书和各种阅读服务。
- 可以学习"怎么读"。我们提供包括课程、精读班和讲书在内的全方位阅读解决方案。
- 谁来领读？您能最先了解到作者、译者、专家等大咖的前沿洞见，他们是高质量思想的源泉。
- 与谁共读？您将加入到优秀的读者和终身学习者的行列，他们对阅读和学习具有持久的热情和源源不断的动力。

在湛庐阅读 App 首页，编辑为您精选了经典书目和优质音视频内容，每天早、中、晚更新，满足您不间断的阅读需求。

【特别专题】【主题书单】【人物特写】等原创专栏，提供专业、深度的解读和选书参考，回应社会议题，是您了解湛庐近千位重要作者思想的独家渠道。

在每本图书的详情页，您将通过深度导读栏目【专家视点】【深度访谈】和【书评】读懂、读透一本好书。

通过这个不设限的学习平台，您在任何时间、任何地点都能获得有价值的思想，并通过阅读实现终身学习。我们邀您共建一个与最聪明的人共同进化的社区，使其成为先进思想交汇的聚集地，这正是我们的使命和价值所在。

CHEERS

湛庐阅读 App 使用指南

读什么
- 纸质书
- 电子书
- 有声书

怎么读
- 课程
- 精读班
- 讲书
- 测一测
- 参考文献
- 图片资料

与谁共读
- 主题书单
- 特别专题
- 人物特写
- 日更专栏
- 编辑推荐

谁来领读
- 专家视点
- 深度访谈
- 书评
- 精彩视频

HERE COMES EVERYBODY

下载湛庐阅读 App
一站获取阅读服务

Your Head is a Houseboat: A Chaotic Guide to Mental Clarity by Campbell Walker
Copyright text and illustrations © 2021 by Campbell Walker
First published in 2021 by Hardie Grant Books, an Imprint of Hardie Grant Publishing
Simplified Chinese edition © 2023 by BEIJING CHEERS BOOKS LTD.
All rights reserved.

本书中文简体字版经授权在中华人民共和国境内独家出版发行。未经出版者书面许可，不得以任何方式抄袭、复制或节录本书中的任何部分。

著作权合同登记号：图字：01-2023-2054 号

版权所有，侵权必究
本书法律顾问　北京市盈科律师事务所　崔爽律师

图书在版编目（CIP）数据

你的大脑是一艘船屋：如何在混乱的生活里保持头脑清晰 /（澳）坎贝尔·沃克著绘；王若菡译. --北京：中国纺织出版社有限公司，2023.6

书名原文：Your Head is a Houseboat：A Chaotic Guide to Mental Clarity

ISBN 978-7-5229-0598-3

Ⅰ.①你… Ⅱ.①坎… ②王… Ⅲ.①神经心理学-通俗读物　Ⅳ.①B845.1-49

中国国家版本馆CIP数据核字（2023）第086216号

责任编辑：刘桐妍　　责任校对：楼旭红　　责任印制：储志伟

中国纺织出版社有限公司出版发行
地址：北京市朝阳区百子湾东里 A407 号楼　邮政编码：100124
销售电话：010—67004422　传真：010—87155801
http://www.c-textilep.com
中国纺织出版社天猫旗舰店
官方微博 http://weibo.com/2119887771
北京盛通印刷股份有限公司印刷　各地新华书店经销
2023年6月第1版第1次印刷
开本：710×980　1/16　印张：10.5
字数：153千字　定价：79.90元

凡购本书，如有缺页、倒页、脱页，由本社图书营销中心调换